世界五千年
科技故事丛书

卢嘉锡题

《世界五千年科技故事丛书》
编审委员会

丛书顾问　钱临照　卢嘉锡　席泽宗　路甬祥
主　　编　管成学　赵骥民
副 主 编　何绍庚　汪广仁　许国良　刘保垣
编　　委　王渝生　卢家明　李彦君　李方正　杨效雷

世界五千年科技故事丛书

遨游太空

人类探索太空的故事

丛书主编 管成学 赵骥民
编著 于今昌 于雷 于洋

吉林出版集团 | 吉林科学技术出版社

图书在版编目（CIP）数据

遨游太空：人类探索太空的故事 / 管成学，赵骥民主编. -- 长春：吉林科学技术出版社，2012.10（2022.1 重印）
ISBN 978-7-5384-6156-5

Ⅰ.①遨… Ⅱ.①管… ②赵… Ⅲ.①空间探索－普及读物 Ⅳ.①V11-49

中国版本图书馆CIP数据核字（2012）第156326号

遨游太空：人类探索太空的故事

主　　编	管成学　赵骥民
出 版 人	宛　霞
选题策划	张瑛琳
责任编辑	张胜利
封面设计	新华智品
制　　版	长春美印图文设计有限公司
开　　本	640mm×960mm　1 / 16
字　　数	100千字
印　　张	7.5
版　　次	2012年10月第1版
印　　次	2022年1月第4次印刷

出　　版	吉林出版集团
	吉林科学技术出版社
发　　行	吉林科学技术出版社
地　　址	长春市净月区福祉大路5788号
邮　　编	130118
发行部电话/传真	0431-81629529　81629530　81629531
	81629532　81629533　81629534
储运部电话	0431-86059116
编辑部电话	0431-81629518
网　　址	www.jlstp.net
印　　刷	北京一鑫印务有限责任公司

书　　号	ISBN 978-7-5384-6156-5
定　　价	33.00元

如有印装质量问题可寄出版社调换
版权所有　翻印必究　举报电话：0431-81629508

序　言

十一届全国人大副委员长、中国科学院前院长、两院院士

　　放眼21世纪，科学技术将以无法想象的速度迅猛发展，知识经济将全面崛起，国际竞争与合作将出现前所未有的激烈和广泛局面。在严峻的挑战面前，中华民族靠什么屹立于世界民族之林？靠人才，靠德、智、体、能、美全面发展的一代新人。今天的中小学生届时将要肩负起民族强盛的历史使命。为此，我们的知识界、出版界都应责无旁贷地多为他们提供丰富的精神养料。现在，一套大型的向广大青少年传播世界科学技术史知识的科普读物《世

序 言

界五千年科技故事丛书》出版面世了。

由中国科学院自然科学研究所、清华大学科技史暨古文献研究所、中国中医研究院医史文献研究所和温州师范学院、吉林省科普作家协会的同志们共同撰写的这套丛书，以世界五千年科学技术史为经，以各时代杰出的科技精英的科技创新活动作纬，勾画了世界科技发展的生动图景。作者着力于科学性与可读性相结合，思想性与趣味性相结合，历史性与时代性相结合，通过故事来讲述科学发现的真实历史条件和科学工作的艰苦性。本书中介绍了科学家们独立思考、敢于怀疑、勇于创新、百折不挠、求真务实的科学精神和他们在工作生活中宝贵的协作、友爱、宽容的人文精神。使青少年读者从科学家的故事中感受科学大师们的智慧、科学的思维方法和实验方法，受到有益的思想启迪。从有关人类重大科技活动的故事中，引起对人类社会发展重大问题的密切关注，全面地理解科学，树立正确的科学观，在知识经济时代理智地对待科学、对待社会、对待人生。阅读这套丛书是对课本的很好补充，是进行素质教育的理想读物。

读史使人明智。在历史的长河中，中华民族曾经创造了灿烂的科技文明，明代以前我国的科技一直处于世界领

序言

先地位，涌现出张衡、张仲景、祖冲之、僧一行、沈括、郭守敬、李时珍、徐光启、宋应星这样一批具有世界影响的科学家，而在近现代，中国具有世界级影响的科学家并不多，与我们这个有着13亿人口的泱泱大国并不相称，与世界先进科技水平相比较，在总体上我国的科技水平还存在着较大差距。当今世界各国都把科学技术视为推动社会发展的巨大动力，把培养科技创新人才当做提高创新能力的战略方针。我国也不失时机地确立了科技兴国战略，确立了全面实施素质教育，提高全民素质，培养适应21世纪需要的创新人才的战略决策。党的十六大又提出要形成全民学习、终身学习的学习型社会，形成比较完善的科技和文化创新体系。要全面建设小康社会，加快推进社会主义现代化建设，我们需要一代具有创新精神的人才，需要更多更伟大的科学家和工程技术人才。我真诚地希望这套丛书能激发青少年爱祖国、爱科学的热情，树立起献身科技事业的信念，努力拼搏，勇攀高峰，争当新世纪的优秀科技创新人才。

目 录

从人乘风筝上天说起/011

勇于探索的莱特兄弟/014

凡尔纳笔下的射人大炮/016

火箭的摇篮/021

敲开天宫大门的使者——人造地球卫星/025

卫星各显神通/029

使卫星起死回生/034

卫星上的原子能电站/037

一箭送三星/041

第一位飞入太空的人——加加林/043

他们到了嫦娥居住的地方/049

登月的人今天在哪里/051

小动物也当上了"宇航员"/056

目 录

宇宙空间的争夺/060

可以重复使用的航天飞机/063

第一位登上太空的华人/071

第一位妈妈宇航员/073

从太空看地球，看日出/075

在太空里潇洒走一回/077

血的教训/082

航天飞机与轨道站在太空握手/084

枯燥的轨道站生活/087

令人神往的月亮村/091

并非海市蜃楼/094

人类举步迈向火星/099

天外觅知音/102

全能飞机——空天飞机/104

宇航员应具黑熊的素质/106

"长征"火箭迈入世界先进行列/110

神舟飞船/113

圆了千年飞天梦/116

从人乘风筝上天说起

相传春秋时期的公输般会做木鸢。如果连敲三下他做的木鸢，不但能飞并且还能返回原地。据说公输般坐着木鸢侦察过宋国城市的情况。除了公输般外，也有"墨子作木鸢，三年而飞"的传说。人乘风筝的故事在西汉时期也发生过。刘邦和项羽打仗时，刘邦手下的大将韩信曾把项羽的军队楚军包围在垓下。韩信为了瓦解项羽军队的士气，日夜赶制出一个用绢绸、竹木等材料做成的大风筝，并找了一个身体轻巧的人坐在风筝上，乘着夜风悄悄地飞到了楚军的营地上空。不一会儿，从空中传来了凄凉宛转的楚国歌曲。歌声随夜风散布到项羽军队的驻地，引起了士兵们的思乡流泪、动摇军心。在军事上利用风筝的事例还有不少。如唐朝末年，田悦的军队包围了临安城，宋将张伾将求援的书信捆在风筝上飘出了城。田悦的军队想用强弓劲弩将风筝射落，无奈风筝飞得高度超出了弓箭的射程。最终临安城得以解围。

从这些记载中，就可以看到人类最早的航空活动了。

在整个航空和航天发展的历史中,能清楚地看到风筝所产生的巨大影响,如俄国的莫扎依斯基在发明他的飞机之前就乘着巨大的风筝飞行过。美国的莱特兄弟在研制他们的飞机过程中,多次用绳子拴着他们的模型,像风筝那样放上天去进行研究。他们发明成功的飞机是固定翼的,这在自然界的昆虫和飞鸟里是无可遵循的,是固定翼的风筝对设计起到了决定性的启发作用。英国的凯利爵士在1804年就用风筝作机翼,造成了一架能够平稳飞行的模型。后来,他又把它放大造成了能乘人的飞行器。

那么,第一个真正飞上天空的究竟是谁呢?这就是我们要讲述的蒙哥尔斐尔兄弟。他们多年来对飞行很感兴趣。1782年的一个晚上,约瑟夫坐在炉前,看见几张烧焦的小纸片飞起来钻进了烟囱。他对此很感兴趣。"瞧,"他对斯蒂斯说,"使纸片飞起来的力应该也可以使飞行器飞起来。"在这个自然现象的启发下,兄弟俩做了一次实验,他们用绸子做了一只袋底敞开的口袋,然后在袋底下生火,这只口袋很快升到天花板上。以后,他们又在室内外多次实验的基础上,用纸和麻布做成一个巨大的气球。1783年6月5日,他们在所居住的安诺纳村中把这只气球放上天空。许多人聚拢来观看他们用火堆给气球充气。大家都很惊奇地凝视着气球升到1 800多米的高空飘荡,最后降落到离村庄1.6千米的地方。蒙哥尔斐尔兄弟相信,气球是由燃料产生的某种未知气体抬升上去的。他们不了解火的作用只是把热空气充满气球,热空气比气球周围的空气轻,因而会上升;而当气球里面的空气冷却时,气球就慢慢降落了。

在巴黎,人们立刻筹集了款项,要在法国首都制造一个气球。

著名的化学家詹姆士·查尔斯教授接受了这项任务。查尔斯教授知道一种比空气轻的气体，他称之为"易燃的气体"，即今天我们都知道的氢气。查尔斯教授决定用这种气体来充满气球。

在蒙哥尔斐尔兄弟的气球第一次升上天空以后11个星期，在1783年8月26日深夜，运货马车把氢气球送到了巴黎中心的一个公园。第二天，虽然下大雨，还是有一大群人前来观看气球升空。气球很快就消失在低垂的云层中，于是大炮鸣放一响，以示庆贺。

第一次放飞的氢气球飘行了24千米就降落在戈尼萨村附近。村里的人看到氢气球，以为这是来自天上的怪物，于是，他们把落下来的气球缚在马尾巴上，让马在田野上疾驰，直到把用西麻布制成的气球拖成了碎片。一个月以后，1783年9月24日，蒙哥尔斐尔兄弟在一只热气球下面挂了一只笼子，笼里放有一只公鸡、一只母鸭和一只绵羊。这是第一批乘气球的动物冒险家。

法国国王路易十四和朝廷大臣们看着气球从凡尔赛宫的广场上升起。气球在空中飘行了2.4千米后降落。那时候，人们对飞行给人体造成的影响还一无所知。动物们回到地面以后，人们立即作了仔细的检查。斯蒂斯和约瑟夫说："飞行对这些动物并无损害。"

当蒙哥尔斐尔兄弟宣布他们正在制造载人飞行的气球时，路易十四只准犯人飞上天空。于是青年医生皮拉特·罗齐尔挺身而出，他说："第一个飞上天的人是很光荣的。陛下，我愿意乘着气球飞上天空。"法国国王批准了他的请求。1783年10月18日，他第一次乘着气球飞上天空，人们在地面用一条绳索缚住气球，以防失控。最后，医生上升到了25米的空中。当他下来时，人们围住他，目不转睛地望着他，因为他立下了不可磨灭的功绩而活着回来了。

勇于探索的莱特兄弟

人们在当今世界,作洲际旅行有如家常便饭。而且航天飞机、宇宙飞船发射频繁,令人们的时间、空间概念有了很大改变。然而,谁能忘记人类在航空事业上的开拓者——威尔伯·莱特与奥维尔·莱特两兄弟呢?

200年前的第一次载人气球升空,开始了人类的航空史。但航空事业的飞跃,则以莱特兄弟制作的人类第一架动力飞机为里程碑。这架飞机第一次的飞行记录是:12秒飞行了37米。

莱特兄弟曾在美国印第安纳州中学读书,都没有毕业。兄弟俩自幼就对机械很有兴趣,常常制作一些小玩具出售以补贴家用。1896年,德国的滑翔飞行家里林达尔在试飞中遇难。这反而激发了莱特兄弟对飞行的兴趣。兄弟俩尽一切可能收集有关飞行的书籍,开始研制滑翔机。最初的滑翔机的升力很小,反复的实践使莱特兄弟找到了机翼形状与空气流动的关系。他们试制了200多个机翼模型,终于解决了如何保持飞行平衡的许多问题。1902年，31岁的奥维尔与35岁的哥哥威尔伯设计制造了12米长、340千克重、装有十几匹马力（约20千瓦）的内燃机动力飞机"飞行者号"。1903年12月17日，这架木架双层帆布机翼的螺旋桨飞机在北卡罗来纳州的沙丘上首次试飞。奥维尔驾着它飞行了12秒。当时，只有5个人看到了这次飞行。这一天兄弟俩轮换飞行了4次，最高的纪录是用59秒飞行了284米。

1908年，莱特兄弟签约制造美国第一架军用飞机。1911年，质轻、强度大的硬铝制的飞机研制成功，使航空工业又有了一次突进。以后，随着一次次科技新成果问世，航空工业不断地飞跃。短短80年，人类航空事业的发展用"日新月异"来比喻毫不过分。

莱特兄弟勤奋钻研、刻苦实践、勇于献身的精神，启迪着无数的后来者。弟弟奥维尔的生日8月19日，被定为美国的国家航空日。现在，美国的第一架金属飞机、第一架喷气机、第一个登月舱、第一架航天飞机等，一起陈列在美国航空及航天博物大厅里。

凡尔纳笔下的射人大炮

我们乘坐的飞机只能在大气层里航行，哪怕是最先进的飞机也飞不出地球去。由于地球的吸引力像一条看不见的绳索，牢牢地拴着地球上的每一个物体，要想挣脱地球的引力绕着地球转圈子，飞机的速度必须达到每秒7.9千米。如果要飞出地球到其他行星去，所需要的速度还要高，要达到每秒11.2千米。目前，飞机最高时速是3523千米，也就是每秒0.98千米，大约只有第一宇宙速度每秒7.9千米的1/8。这种速度是无论如何也飞不出地球去的。那么，什么样的飞行器才能飞出地球去呢？

这个想法其实并不新鲜。早在700多年以前，我国劳动人民就发明了火箭。那时的火箭很简单，在箭杆上绑上一个火药筒，筒里的火药点着了，向后喷出炽热的气体，产生了反作用力，于是火药筒就带着箭向前飞去了。

为什么只有火箭才能进行宇宙航行呢？

我们知道，一般的交通工具都是利用别的物体的反作用力前进的。只有火箭是依靠自己喷出的气体所产生的反作用力前进的。它不用空气助燃，完全可以在真空里飞行。所以，只有火箭才适合作宇宙航行的交通工具。但是，把火箭实际应用于宇宙航行并不容易，人们花了五十多年的时间，才于1959年发射了世界上第一颗人造卫星，才拉开了人类宇宙航行的帷幕。

这是因为需要解决推进剂和火箭速度的问题。推进剂包括燃料和氧化剂。火箭是依靠推进剂燃烧喷出燃气产生反作用力而前进的，因此燃料就必须具有能量高、重量轻、容积小的特点。科学家经过长时间的研究，才找到了液体氢、苯胺以及某些能燃烧的金属等许多新的燃料。与此同时，人们还找到了液氧来做氧化剂助燃。

火箭要达到每秒7.9千米的第一宇宙速度或每秒11.2千米的第二宇宙速度，靠一支火箭是根本不可能的。科学家们进而提出了接力赛的办法，于是多级火箭便诞生了。目前的巨型火箭都是多级的，能够以更高的速度把更重的物体送上太空。

100多年前，法国作家儒勒·凡尔纳写了一本科学幻想小说《从地球到月球》。小说中说：美国有个俱乐部，造了一门巨型大炮，炮筒有300米长，炮弹的弹壳有30厘米厚。炮弹里坐着三个人。"轰"的一炮，炮弹就把这三个人送到了月球上。

乘着炮弹能飞出地球，登上月球吗？不能。往天上打的炮弹就像往上抛的一块石头一样，最后总要落回到地面来，依然摆脱不了地球的引力。

早在17世纪末，英国物理学家牛顿，在前人积累的丰富知识的基础上又进行了长期细致的研究，得出了这样一个结论：任何两个物体的质点都是相互吸引的,引力的大小与两个质点的质量的乘积成正比,与它们距离的平方成反比。这就是大家所熟悉的牛顿万有引力定律。

这就是说,大炮发出的炮弹,弹弓打出的弹丸,都不能无限制地一直向前跑,是因为有60万亿亿吨质量的庞然大物——地球的吸引力,迫使它们落回地面。它们能走的距离的长短,只能决定于用力的大小。

也许你会问:地球既有如此大的吸引力,它会不会把天上的月亮给吸引到地球上来呢?不会的。为什么不会呢?在这儿,我们要谈另外一种力,那就是离心力(指惯性离心力)。离心力也就是物体由于惯性的缘故,作圆周运动时产生的一个离开中心的力。比如说:我们乘坐疾驰的汽车,车拐弯时,人不免会向外倾倒,这就是离心力的作用。

吸引力、离心力,怎样来认识它们呢?你见过钢丝操纵模型飞机吧,当模型飞机环绕着操纵者作圆周运动时,可以看到钢丝被拉得紧紧的,这个拉得很紧的力叫拉力。而这时的模型飞机有一股往外抛的力,实际上这个力就是离心力。旋转的速度增大时,离心力在增大,拉力也在增大,当超过钢丝能承受的限度时,钢丝就会被拉断,这时拉力立刻消失,而模型飞机却因为离心力的作用,以惯性向外飞了出去。

由此可见,月亮绕着地球转,就是因为有着吸引力和离心力之间的相互作用,两者处于平衡状态,所以地球和月亮总是保持着一定的距离在那儿旋转着,地球不会把月亮吸引下来,月亮也不会抛开地球而去。

看来,要想飞出地球去,就得向地球的引力宣战!

如果我们有一门凡尔纳设想的大炮,我们把炮口向上,直对着天空,装上炮弹,开炮!

炮弹出膛的速度如果是每秒1千米,它上升到50千米左右,就开始往下落;炮弹出膛的速度如果是每秒3千米,它上升到490千米,就开始往下落;炮弹出膛的速度如果达到每秒5千米,它只能上升到1 500千米高;炮弹出膛的速度如果达到每秒8千米,它也只能升到6 700千米高。

要是我们能使炮弹出膛的速度达到每秒10千米,它就能升到25 000千米那么高。这时候,它离开地面已经很远,地球对它的引力已经减弱到地面外引力的1/25左右。与此同时,炮弹的速度已经减少到零了,它仍旧得往下落回地面。

当然,炮弹离地面越远,地球把它拉回来的引力就越小。要使炮弹跑得更远,就得使它有更高的速度。

假如不计算空气的阻力,要让炮弹彻底战胜地球的引力,我们必须使炮弹以每秒11.2千米的速度射出炮膛。达到了这样高的速度,炮弹就完全摆脱了地球的引力,飞向太空,一去不复返了。现在我们把炮筒转过90度,让它和地面平行。在这种情况下发射炮弹,看看会发生什么情况。

300年前,英国科学家牛顿在一本书里写道:"如果在山顶上架一门大炮,用火药的力量把一颗炮弹沿水平方向射出去,炮弹在落地以前,就会沿着一条曲线飞过一段距离。假定没有空气阻力,我们使炮弹的速度增加一倍,它飞行的距离差不多也增加1倍;如果速度增加10倍,飞行的距离也会增加10倍。只要增加速度，就可以任意增加飞行的距离。因此只要速度加大到一定程度，就可以使炮弹绕着地球转，甚至飞入宇宙空间。"

牛顿的设想是很有道理的。现在人们已经知道，使炮弹的速度达到每秒7.9千米，它就绕着地球转圈子，成为地球的卫星。每秒7.9千米就叫做环绕速度，或者叫做第一宇宙速度。人们还知道，使炮弹的速度达到每秒11.2千米，它就永远离开地球，进入宇宙空间。每秒11.2千米就叫做逃逸速度，或者第二宇宙速度。

然而，它脱离的毕竟还只是地球的引力范围，这时，还得把速度再增大，当增大到每秒16.7千米的速度，即第三宇宙速度时，飞行器就能脱离太阳的引力范围，可以飞到其他恒星的世界之中去了。

幻想终归是幻想，实际上，这三个速度，大炮是无论如何也达不到的。那么，用什么办法才能飞出地球的引力范围呢？

火箭的摇篮

远在北宋开宝元年（968），冯义升、岳义方制造了世界上第一支火箭——火药火箭。北宋咸平三年（1000），我国已经出现了火箭武器。制造第一枚火箭的人名叫唐福。火箭的结构很简单，在竹筒里装填火药，筒身上扎一根"定向棒"，可以操纵发射的方向，用火硝引点，使竹筒里的火药剧烈燃烧，推动火箭飞射敌阵而爆炸。

到了明朝，火箭武器又有了新的改进，抗倭名将、杰出的军事家戚继光，制造并使用了多种火箭武器，有飞刀、飞枪及飞箭，还有能齐射很多火箭的"火箭车"。从这时开始，中国的火药及火箭先是被传入阿拉伯国家，尔后，又传入了欧洲各国。

公元1484年，人类历史上第一次企图利用火箭飞向太空的尝试。发明者叫万虎（生平不详），做了一个用47支火药火箭支撑的木架，自己坐在架子上面，然后叫人把火箭同时点燃……这位探索空间奥秘的勇士，连同世界上第一个航天飞行器都被摔碎了。

他用生命为人类开辟了一个新的纪元。在月球上的一座环形山以"万虎山"命名。18世纪末，中国的火箭技术传入印度。1780年，印度曾仿造中国火箭，以还击英国侵略军的舰艇。英军大为惊恐，称这种火箭为"中国飞弹"。

在以后的战争中，常规武器进步很快，火箭就被冷落了。直到1926年3月16日，美国人戈达德在马萨诸塞州发射了世界上第一枚液体燃料火箭，才揭开了现代火箭史的新篇章。从这以后，火箭技术步步高升，在第二次世界大战中，德国出动了Me－163型火箭战斗机，最高时速达960千米。德国的V－2飞弹轰炸了英国伦敦。美国也制造了由火箭推进的反坦克火箭炮。1957年10月4日，苏联用火箭发射了第一颗人造地球卫星"红色月亮1号"。1958年1月30日，美国发射了"探险者1号"，它的运载火箭飞到了2 000千米以外。1961年4月12日，苏联发射第一艘载人宇宙飞船"东方号"，苏联著名宇航员加加林乘"东方号"飞船，用1小时48分的时间绕地球飞行了一周。1969年7月20日，美国的艾德林·康世朗和柯林斯，乘"阿波罗11号"登上了月球。1971年4月，苏联发射了"礼炮1号"太空站。1981年4月12日，由美国研制的第一架可重复使用的航天飞机飞向地球轨道，绕地球飞行了36圈，从起飞到降落经过了54小时20分。

所有这些，都使用了火箭。

1621年，我国出版了一部专门记载武器的书《武备志》。书中介绍了两种有趣的武器：一种叫"神火飞鸦"，一种叫"火龙出水"。"神火飞鸦"的样子像乌鸦，外壳是用竹篾和纸做的，里头装着炸药，身上插着许多带火药的火箭。火药点燃后，火箭靠喷气推力，把纸乌鸦发射到敌人的阵地上，药引子又把"乌鸦"身子里的炸药点着，马上爆炸开来。"火龙"是竹木做的，样子是龙头鱼尾，身上也插着火箭，身子里也装着炸药。"火龙"比"飞鸦"高明，它身子里还有一级火箭。等身上的火箭工作完毕以后，又会点燃身子里的火箭。因为有两级火箭的持续推动，所以"火龙"飞得更远。因为这种武器是从水上发射的，所以叫"火龙出水"。"飞鸦"和"火龙"可以说是现代导弹的祖先。推动它们的火箭，也可以说是运载火箭。

第二次世界大战期间，1944年夏天的一个傍晚，伦敦市民看见许多像茄子似的大家伙从天而降，接着产生巨大的爆炸声。原来这是希特勒吹嘘的秘密武器：导弹。希特勒曾夸口说："由于使用秘密武器，德国将会赢得这次大战的胜利。"但当时技术水平还比较低，自动控制设备并不十分可靠，所以导弹的命中率很低。1944—1945年，德国向英国发射了一千多枚导弹，只有30%左右飞到目标区。

希特勒失败以后，导弹并没有受冷落，恰恰相反，苏联和美国都加紧了对导弹的研究，而其中最引人注意的是航程远威力大的洲际导弹。洲际导弹最初出现在1957年。它分四个部分：核弹头（即核炸弹）、推进系统、控制系统和弹体。它的特点是个子大，身高二三十米，胸围三五米；飞得远，能飞一万多千米；爆炸力强，相当几十万吨到一百多万吨梯恩梯炸药。

洲际导弹是用多级火箭来推动的。多级火箭能把它送到1 000—2 000千米高的外层空间。那里的空气几乎没有空气阻力，当火箭发动机停止工作以后，弹头还可以沿着弹道飞出去，到快要接近目标的时候，再进入空气层，射向目标。洲际导弹一般要在发射场上发射。为了不被敌方发现，免遭敌方袭击，通常把洲际导弹藏在隐蔽的地下发射井里，发射的时候从地下或地上射入天空。也可以把洲际导弹装在车上或者舰上。近20年来，洲际导弹也有了"母子弹"，到了接近目标的时候，一个弹头分成几个，各自沿着不同的飞行路线，飞向不同的目标。

前面说过，洲际导弹是用多级火箭推动的。现代多级火箭是由几支单级火箭组合起来，一支火箭就叫做一级，它们是顺序点火工作的。譬如一支两级火箭，起飞的时候第一级先点火工作，燃料烧完后，两级火箭分开。第二级接着点火继续加速，第一级则掉回地面。第二级燃料烧完以后，速度增加了一倍，加上原有的速度就达到每秒10千米的最大速度。这个速度已经足够使火箭变成人造卫星了。

增加火箭级数，能不能无限制地提高最大速度呢。因为级数越多，整个火箭的构造和控制就越复杂，可靠性会大大降低。目前，发射人造卫星只要用两级或者三级火箭就够了。

敲开天宫大门的使者
——人造地球卫星

1957年10月4日,这是一个激动人心的日子。这一天,苏联人把他们著名的人造地球卫星"红色月亮1号"送入了太空。这是人类制造的第一颗人造卫星。这颗卫星虽然很小,直径只有50厘米,但这表明,人类本身进入太空的一天即将来到了。

相隔不久,苏联"红色月亮2号"人造卫星又紧接着它的姐妹卫星进入太空。它比第一颗卫星大5倍,并装载着更多的对太空进行探索的仪器,而且还带着一条狗。

这条狗叫"莱卡",它是太空探索的先行者。科学家们可以通过它身上的科学仪器,收听到关于它身体状况的信息。然而,遗憾的是,当时还没有掌握卫星回收技术。但是,"莱卡"向人类证明,动物是可以在宇宙飞船上生活得相当舒服的。

紧随苏联又有许多美国的人造卫星进入太空。每一颗人造卫星都使我们进一步加深了对太空的了解。但科学家们并没有为此而感到满足。美国人花了整整3年的时间,才研制成第一艘载人的宇宙飞船。但是,仍然有一些人认为,人类永远不可能在太空中生存。的确,人类要想到太空中去,是存在着许许多多的困难的:

首先,太空中没有空气。人类没有空气就不可能维持生命。虽然现在携带氧气并不那么困难了,但是,太空探索者的旅程可能长达几个月甚至几年之久,他们不但要携带相当分量的氧气,还要反复地利用这些氧气。

其次在太空中,所有的东西都会产生失重。宇宙飞船在太空中产生失重时,会使人感到非常难受,无法站稳,一切东西都必须牢牢地固定住,否则就会飘浮起来。这时连吃饭也成了一件相当困难的事情,食物都要由喂食机填塞到人的嘴里去。一枚针飘浮着,就可能把一台仪器毁坏掉,那是相当危险的。

对于太空中的流星可能带来的严重危险,科学家们也是非常担心的。为了抵御流星,科学家们一直在不断地改进宇宙飞船,尽量使其完善。使他们感到放心的是,还从来没有宇宙飞船遭到过流星的摧毁。

对于宇航员来说,最危险的莫过于发射离开地面和降落返回地面的时刻了。宇宙飞船发射时突然的加速度产生巨大的震动,宇宙飞船快速冲向天空,几秒后就达到每小时40 000多千米的速度。当宇宙飞船的速度越来越大时,飞船上的宇航员就被重重地推回到自己的座位上,宛如有一块巨石把他压下去一样,不能动弹。所有的宇航员都必须经受得住加速推进的冲击,并且能在加速推进中理智地控制自己。这就是为什么要对宇航员进行精心严格训练的原因之一。在宇宙航行史上，尚未出现过因加速推进而令宇航员丢掉性命的事。

宇宙飞船返回降落的时候是另一个极为危险的时刻。1958年时，科学家们还不懂如何收回卫星，所以只得忍心让"莱卡"在太空中死掉。现在，宇宙飞船返回地面似乎是平常和容易的事情了。但是，事实上，却并不容易。

倘若宇航员所在的飞船不能顺利地降落，那么，他将遭受到比加速推进时更大的痛苦。如果他降落的速度太快，宇宙飞船就会与地面撞击而被摧毁。

科学家们怎样才能使宇宙飞船缓慢而平稳地返回地面呢？

宇宙飞船上带有一些小火箭。在返回时，宇宙飞船就向飞行的相反方向发射这些小火箭。这些火箭燃烧时产生的力量使宇宙飞船下降的速度放慢。随后，它们全部的降落伞张开，有3到4个张开而充满空气的降落伞拉着正在降落的宇宙飞船，这样，降落的速度就越来越慢，最后轻轻地飘落到地球表面上。在一般情况下，宇宙飞船都是溅落在海面上，并且可以很容易地被人们找到。

宇宙飞船降落时，必须准确地沿着指定的路线。如果它垂直地急剧下降，下降的速度就会太快，小火箭的力量和降落伞都无法阻止它的速度，这样它就有可能会在大气层中被烧毁，或者可能坠毁在地面上。要是它不垂直下降的话，又可能会出现另一种危险，它不但不能返回地面，相反，有可能重新游离到太空中去，我们也许永远也无法再找到它了。

在返回的时候，宇宙飞船就必须沿着这样一条在危险之中的

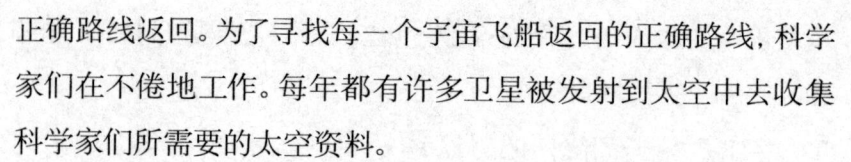

正确路线返回。为了寻找每一个宇宙飞船返回的正确路线,科学家们在不倦地工作。每年都有许多卫星被发射到太空中去收集科学家们所需要的太空资料。

美国的第一批人造卫星叫"探索者"。"探索者1号"携带着测定流星数量和测量太空温度的科学仪器。接着,美国又连续发射了许多卫星。美国的探索卫星中比较大的称为"先锋号"。第一颗先锋号是在1958年发射的,它现在仍旧在轨道上运行着,并将一直运行下去,也许将继续运行几千年之久。它直接从太阳获得动力,并将继续向我们的子孙后代发回有关的电讯资料。

现在,已经有几千颗不同类型的卫星在环绕着地球运转,它们一方面服务于人类,另一方面还在继续探索宇宙的尚未被人类所揭示的秘密。现在,科学家逐渐掌握了宇宙飞船如何安全返回地面的技术,为人类进入太空奠定了基础。

卫星各显神通

夜深了，一位年轻姑娘独自走在黑暗的街道上。突然，一个幽暗的人影向她走来，眼看一场拦路抢劫就要发生！姑娘迅速将手揣进衣袋里，手指按在里面一个小装置的按键上。片刻之后，警察的巡逻车赶到现场，罪犯被逮捕了，姑娘得救了。那么，是什么使姑娘幸免于难呢？原来是在姑娘头上36 000千米高空上盘旋着的一颗卫星，人们亲切地称它"保镖"卫星。

美国普林斯顿的物理学家杰拉德·奥尼尔研制的这种卫星系统是由三颗卫星组成，这三颗卫星始终翱翔在地面固定位置上空的静止轨道上。地面上发送信息的人，有一个像电子计算器大小的以电池作为能源的收发两用机相配合。

上面说的姑娘就是把信息输入收发两用机里，发送到卫星上去的。卫星在收到信息以后就对地面进行扫描，依靠收发两用机发出的定位器信号，向地面发送信息。这种信息是经过设在地面的一台超级电子计算机处理，然后就被传输到最近的警察局。

超级电子计算机能在几微秒的时间内处理完信息。

这种地球卫星还可以用来报告火灾、车辆和医疗救急。在许多这样的场合下,发送信息的人应当头脑清醒。如果由于健康原因你不能发出信息也不要紧,可以在收发两用机上附上一个能够识别你心跳、血液化学成分等的传感器代你发出信息。如果有人敢于谎报军情,卫星上有许多内设的保险装置,能够阻止这种恶作剧。因为每一个发送信息的人都有自己的识别代码,他在发出警报时不可能不暴露自己的代码和位置。地球卫星根据你的准确位置(误差只有1—1.2米),不仅能阻止报告假的遇险信号,而且还能防止收发两用机本身被盗。对奥尼系统,强盗可能干的最傻的事情就是,他偷了收发两用机以后自己又使用它。

这种卫星系统并不是旨在使人同卫星进行直接联系的唯一的通讯工具。在美国宾夕法尼亚州,莫比尔卫星公司正在设计一个围绕轨道运转的系统,使人能够跟踪火车和货车的活动,同时,向边远的农村提供可靠的卫星电话服务。

除了"保镖卫星",还有一种救人脱离苦难的卫星。

航海失事得不到及时的救援,与航海缺少可靠的、高效的通信手段有关。自1899年轮船上开始安装无线电通信设备以来,船与岸上的联系主要依靠短波通信。因为短波是靠电离层折射而传播的,所以受天气变化的影响较大,通信中断几小时乃至几天是常有的事。短波波段的频带较窄。随着远洋航海事业的发展,海事通信日益频繁,短波波段的通信频率十分拥挤,极易相互干扰。一份普通的莫尔斯码电报,通常需要6—8小时以后才能收到,远远不能满足海上失事救援、船舶指挥调度以及提高运输效率的需要。

20世纪60年代初，利用人造卫星进行洲际通信试验成功，这就为发展海事卫星通信创造了条件。利用人造卫星作为中继站的微波通信，具有作用距离远、通信容量大、可靠性高和成本低等优点。

1982年9月9日，加拿大一架乘坐了人的小飞机突然与地面失去联系，在不列颠哥伦比亚省东北部上空消失。营救部门随即开始了紧急的搜索营救活动。但是，这一地区山高林密，道路崎岖，利用现有的营救手段成功的可能性极小。

出人意料的是，苏联的试验型营救卫星"宇宙－1383号"发挥了作用，它是1982年6月30日发射的，按例行轨道运行，9月10日刚好飞越这个地区上空，清晰地接收到了小飞机上应急定位信标机发出的呼救信号。卫星立即把这一信息发送给安大略省特伦顿卫星搜索营救控制中心。经电子计算机处理，算出了飞机遇难的精确位置，控制中心立刻把这些数据传输给不列颠哥伦比亚省的维多利亚。载有营救设备和人员的"火牛"运输机，根据卫星提供的位置数据，迅速从该省的科莫克斯飞往出事地点，很快就发现了小飞机残骸，及时营救了包括飞机驾驶员、副驾驶员在内的3名受重伤的遇险者。

利用人造卫星救难，这还是第一次。迄今，世界上所使用的营救手段，主要是飞机和地面站。它所接收到飞机、舰船上应急定位信标机发出的呼救信号，随即组织营救。由于受视距的限制，飞机的搜索区域或地面站的接收范围不可能很大，特别是一些边远荒野地带，飞机在那里失事后，更不容易被发现。用飞机搜索营救费时费钱,成功率很低。据有关资料统计,全世界每年遇难的舰船约350艘。如何准确记录飞机、舰船遇难的时间,确定其出事的地点,多年来一直是个棘手的问题。

随着航天技术的发展,人们自然会想到利用卫星进行搜索营救的可能性。营救卫星系统主要由卫星和地面站两部分组成。卫星部分包括天线、接收机、信息处理机和转发器。地面站部分包括2—3米直径的接收天线和数据处理设备。卫星采用近圆形的极地轨道,轨道平面经过地球的南极和北极两地区,轨道高度为800—1 000千米。地球是从西向东自转的,所以一颗卫星每12小时就能绕地球一周。一旦它"监听"到飞机、舰船发出的呼救信号(频率为121.5、243、406兆赫),立即转发给地面接收站。如果卫星不在地面站接收范围上空它可把信号记录在磁带上,待飞经地面站上空时再把信号转发下来。

国际海事卫星组织于1979年7月宣告成立,总部设在伦敦。我国也是成员国之一。国际海事卫星组织的第一代海事卫星通信系统的目标是:凡是在南、北纬75度线之间海域内航行的船只,都能进行24小时的连续通信;自动迅速地与国内或国际通信网接通,使船只能同岸上的任何地点直接挂电话、发电报、传真和传输数据;有专用的应急通信线路,船只遇险时,一按电钮就能发出呼救信号;能向航行中的船只播送气象预报、海流情况和导航数据等资料。海事卫星通信网的建成,对于加强商船的调度管理,提高海上的运输效率,以及组织营救失事船只等都有重要意义。除了商船外,海上钻井船、海上采油平台以及远洋考察船等,都可以利用海事卫星同岸上进行通信联系,特别是可以迅速地把大量海洋探测数据传输到岸上的研究中心进行分析处理，以提高海洋资源勘测和开发的效率。

　　作为长期规划，国际海事卫星组织还打算发展第二代海事卫星系统。这个系统将由地球同步轨道卫星和极地轨道卫星组成，使包括南、北极在内的全球水域上的船只都能与岸上通信，并能观测气象，提供气象资料，帮助船只导航定位，实现通信、气象、导航三位一体。系统的服务对象，也将从海面的船只扩大到空中的飞机，陆上的长途车辆，直至所有的活动目标。

使卫星起死回生

把人造卫星送上了天,并不等于万事大吉了,"卫星管理"成了一项"惊天动地"的事业。

1984年1月29日,在刚刚建成的西昌卫星发射中心,"长征3号"火箭托举着"风云1号"卫星划破夜空,腾云而去。为之配套建成的以西安卫星测控中心为枢纽的地面测控系统,同时拉开了测控的战幕。

随着各测控站此起彼伏的报告,测控大厅大屏幕显示的红色实际曲线,吻着绿色理论曲线缓缓前行。

"星箭分离!""远望2号"从太平洋猛然传来报告,年轻的技术人员已兴奋得拍响了巴掌。然而在场的所有专家们却脸色一沉,"怎么,没有经过三级火箭的第二次点火星箭就分离了?"一份卫星轨道数据表明,三级火箭第二次没有点火,卫星并没有进入预定大椭圆轨道,而进入近地低轨道。如果在卫星绕地狂奔15圈之前捕获不到和不把它推向更高轨道,星上能源耗尽,卫将彻底变成了"死星"。

几十位卫星专家、测控专家聚集在测控中心,展开紧急的讨论。新的测控方案终于产生:为避免预报误差,采取多站多天线分区域、地毯式捕捉。

1月30日12时,卫星转到了第11圈,预计出现的时刻到了,位于福建境内的闽西测控站首先发现目标,渭南测控站也紧紧跟上,并连续发出了数条指令,调整卫星改变轨道前所需要的姿态。当卫星运行到第13圈时,测控中心发出远地点发动机点火指令。几秒以后,人们从测得的数据判断,卫星已从距地200多千米的轨道上升到6 000多千米的高空轨道,虽然没能最终进入同步轨道,但卫星在这个轨道上足可生存10年,各种试验足可以完成,发射的目的达到了,抢救成功了!

经过第一次抢救的"风云1号"运转到1992年初,再次出现信号不稳,时有中断。几乎近一年的时间里,"风云1号"成了太空野马,地面无法驾驭它,更无法获得气象云图。1992年9月,国防科工委、航天部等几大部门召开会议决定,再次对卫星组织抢救。10月29日,上海卫星设计研究所所长和各路人马相继抵达西安,与测控中心的技术人员一起成立抢救小组。抢救的第一步是要在茫茫宇宙中捕获到卫星。然而,在没有任何引导数据的情况下谈何容易。连日来,喀什、长春测控站彻夜灯火通明,中心指挥大厅里更是人头攒动,人们都在各自的岗位上想着最佳方案。经过反复计算、论证,捕获开始了,测控中心首先组织各有关测控站对卫星进行多圈次拦截。11月8日终于在千里之外抓住了这匹"野马"。

紧接着，抢救工作全面展开。11月11日，"风云1号"卫星终于恢复正常。但经过第二次抢救的"风云1号"，没过多久，就彻底失控了。主要是卫星上计算机长期在太空运行后，数据经常发生跳变，时有程序被删改的现象发生。为什么会出现这种奇怪的现象呢？通过1994年2月发射的"实践4号"卫星所做的一系列太空试验，终于揭开了这个"谜"。

1994年2月8日，肩负着双重使命的"实践4号"卫星升空。为了获得更全面的试验数据，加上"长三甲"火箭是为发射运转轨道同步卫星所制的，因此，"实践4号"被送入了远地点36 000千米、近地点200千米的一个大椭圆轨道。卫星在这一轨道上运行，地面就可以获得200—36 000千米间不同高度的空间环境的有关数据。从2月15日到9月6日，卫星在轨道运行历时210天，实际接收遥测数据总量近1 000MBT。有了这些数据，"风云1号"卫星计算机跳变之谜就揭开了。数据表明：大气层以外的空间环境的恶劣程度远远超出我们的预想。有一种空间高能粒子可以穿透几厘米乃至更厚的铝板，而我们卫星上的计算机的保护没有任何防粒子冲击的功能，所以高能粒子经常穿透铝板直接破坏芯片，使程序出现混乱。

卫星上的原子能电站

　　1978年1月24日凌晨4点55分,在加拿大的某个镇,人们都还在熟睡之中,突然,一名正在守夜的工作人员惊愕起来,他抬头一望,只见天空里突然出现了一团耀眼的火球,后面还跟着许多小星星,它们从辽阔的天际划空而下,随即,迅速坠入冰封雪冻的大地……

　　这壮观的一幕,使得他惊奇不已:这神秘的坠星,既不像一般的彗星,也不像常见的流星,更不像飞机失事,这究竟是个什么大怪物从天而降呢?后来才知道,原来是一颗带有原子能电站的苏联人造卫星,在轨道上出了毛病,坠毁在加拿大境内了!

　　也许人们会感到惊奇,原子能电站是一个庞然大物,它在地面上重量上万吨,体积上亿立方米,怎么能装到一颗小小的卫星上去呢?

　　要把一座庞大的原子能电站,缩小到能装进一颗小小的卫星里,这需要在技术上进行重大突破。现在,就让我们看看卫星上的原子能电站究竟是怎样减轻重量和缩小体积的。

一般卫星上采用的太阳能电池是利用"光电元件"。在小小的卫星上要安装原子能电站首先在发电方式上要进行根本性的突破,即采用"热能—电能"的直接发电方式。这种发电方式其他的结构和太阳能电池基本相同,所不同的是它利用的是"热电元件"。这种元件体积小,重量轻,不需要再通过其他设备就能将原子核反应堆释放出的巨能直接转换成电能。这样一来,地面上那种原子能电站非用不可的笨重设备和庞大用水,就统统免掉了!光是这一项重大突破,卫星原子能电站的设备重量,就从成百上千吨猛然降到几十千克。

接下来,卫星上的原子核反应堆也进行了重大改革。地面上的原子核反应堆,为了防止射线对人体的伤害,采用了重混凝土、铁块、钢板等制成防护外壳,既庞大又笨重,所占的体积和重量,往往是原子核反应堆关键部位的体积和重量的几十倍,甚至上百倍!在不载人的宇宙卫星上,射线对人体伤害的事儿已不存在,所以不需要这层笨重的防护外壳。但是,宇宙卫星运行一段时间后仍会掉到地球上,带有放射性的卫星碎片还会污染大气,这又怎么办呢?为了解决这个问题,卫星被制成了两个部分,装有原子核反应堆的那一部分,另外配备一套火箭发动机。当卫星完成了预定的任务后,地面上发出"命令",载有原子核反应堆的那一部分立刻脱离开来。火箭把它推进到1 000千米以上的高轨道上去,在那里,反应堆可以绕地球运转6 000多年!这么漫长的岁月,反应堆的裂变产物早就衰变光了。所以,再掉到地球上来时也就"太平无事"了。

宇宙原子能电站还有一项措施，是采用了高浓缩铀，这使卫星携带的核燃料大大减轻了。铀的提炼是一件相当复杂的过程，代价又十分昂贵，所以地面上的原子能电站使用的铀浓度是受一定限制的。铀要搬到卫星上去，重量和体积成了主要矛盾，所以代价再高，提炼再困难，也要尽力提纯它。掉下来的那颗原子能卫星，携带的高浓缩铀只有45千克重，整个反应堆的体积只有两张课桌大小，重量约400多千克（只占卫星总重的1/6）。还有些同类型的原子能卫星，反应堆的堆芯小到可以装进学生背的书包里去！

既然太阳能电池在宇宙卫星上的使用效果也比较理想，那为什么现在忽然加紧了对宇宙原子能电站的研究呢？

在围绕地球运转的卫星中，有一些是通信、气象等高轨道同步卫星。这种卫星体积小、重量轻，便于发射。但是它们所装载的太阳能电池，在限制体积和重量的条件下所提供的功率相当有限。如果要提高功率，就必须大大地增加太阳能电池的体积或面积。例如，设想中的500万千瓦空间太阳能电站，它所需要的面积竟然要达100平方千米！原子能则刚好相反，它能在相同体积和重量的情况下，提供出比太阳能电池大得多的功率。在不久的将来，人类将使用一种大规模的直播电视广播卫星，世界上无论哪个角落的电视机，都能从它那里收到图像清晰的节目。它所需要的强有力的电源，就要靠宇宙原子能电站来供应。

人类未来的星际航行，更是少不了宇宙原子能电站。因为在远离太阳系的广漠空间，宇宙飞行器接收到的太阳能将等于零，根本不能利用。即使在太阳系以内，也会因为距离越来越远而失去利用的价值。1977年,美国发射的"旅行者"宇宙探测器,它"访问"了太阳系里的木星、土星、天王星和海王星,可是这四颗行星绕太阳运转的半径,分别是地球绕太阳运转半径的5倍、10倍、20倍及30倍,因此,接收到的太阳能分别只有地球上的1/25、1/100、1/400和1/900!这哪里还有利用的价值呢?所以,"旅行者"宇宙探测器携带的就是一座功率巨大的原子能电站。

一箭送三星

1981年9月20日，我国成功地用一枚运载火箭，把一组三颗空间物理探测卫星送入轨道。这样我们便成了继美国、苏联和法国之后，在世界上第四个掌握这种被人称为"一箭多星"的发射新技术的国家。

实现一箭多星，有两种方法。

一种是把多颗人造卫星一次从运载工具中弹射出去。显然，被弹射出去的卫星差不多会在相同的轨道上运行。为此，只要在一枚运载工具上装入需要送上同一条轨道的多颗人造卫星就可以了。

另一种是把多颗卫星分别送上不同的运行轨道。携带不同用途的多颗人造卫星的运载工具，从地面起飞后，每到达一定高度就在控制系统的操纵下分离出一颗卫星。分离的卫星都会在由它分离时的高度和飞行速度所决定的轨道上运行。

我国这次发射的三颗人造卫星的运行轨道大致相同：距离

地面最近点为240千米,最远点为1 610千米;运行轨道所在平面与地球赤道平面的夹角为59.5度,它所围绕地球飞行一圈的时间是103分。

这三颗人造卫星,装有10多台探测仪器。它们肩负着测量大气密度、高空磁场、地球—大气系统向外辐射的红外线和紫外线、高空环境中质子和电子的数量及能量、太阳的X射线和紫外线等任务。对这些数据的探测,将为我国空间技术的发展提供空间环境背景资料,也为我国空间物理的研究工作创造初步条件。

这三颗人造卫星进入运行轨道后,无线电遥测系统便开始工作,利用无线电波,连续发送高空物理的探测数据和卫星在轨道上飞行时的姿态、星体内部的温度等工程数据。这是实时遥测。

由于无线电波是沿直线传播的,所以卫星飞离我国上空后,我们便无法接收。于是,卫星上配备了一套"记忆装置",能把当时的各种信息记录下来,待卫星飞入我国上空时,再向回发送。因为地面站得到这些数据是若干分钟以前卫星所测得的,所以称为延时遥测。这样,我们通过实时遥测和延时遥测,就可以获得全球范围的探测数据了。

第一位飞入太空的人
——加加林

　　苏联著名宇航员尤里·加加林于1961年4月12日乘"东方1号"飞船,用1小时29分34秒的时间绕地球飞行一周,成为第一位飞入太空的人。

　　加加林于1934年3月9日出生在苏联斯莫林斯克附近的一个农村,父亲是个木匠。在第二次世界大战期间,他的一家过着极其困苦的生活。苏联在这一带地区进行着非常艰苦的反法西斯的斗争。德军曾一度占领了加加林的家乡及其周围的村子,村子里稍大一点的孩子都被德军抓住送到德国做苦工去了。由于加加林当时很小,才没被抓走。在战争期间的绝大多数日子里,他们都受冻挨饿,常常只得用野草充饥。

　　英雄的苏联人民经过几年的浴血奋战,才把德国鬼子赶出了苏联,赢得了反法西斯战争的伟大胜利。村民们又开始了正常的生活,村子里建起了一座新的小学。加加林上学念书了。小加加林聪明勤奋,老师很快就发现他将会成为一个很好的科学家。后来,他被选送到莫斯科一个专门学校学习。在那所学校里,他被培养成为一个脑力劳动者。

年轻的加加林则希望能成为一名飞行员,他在莫斯科进了一所飞行员学校。加加林确实具备了飞行员所需要的性格,他冷静、沉着、敏捷、果断,很快就成了一名出色的飞行员。随后,他参加了苏联空军。在空军里,他很好地发挥了自己的飞行才能。

当时,苏联科学家们正在寻找可以培养成为宇航员的年轻人。加加林决心成为一名宇航员。他报名参加了选拔,并经过了一连几天的仔细而严格的检查,每天他都必须回答科学家、医生和军官们提出的一大堆问题。只有最优秀的年轻人才有可能被选上,考核人对加加林感到非常满意,他终于被选中作为宇航员了。

对宇航员的培训是长期而艰苦的。宇航员必须同时是飞行员和科学家,必须具有顽强的意志、健壮的身体、优良的品德和丰富的科学知识。加加林学得很快,他的记忆力和鉴别力都很好,为此,他又被挑选去进行更特殊的训练。

1961年4月12日清晨,加加林在甜睡中被医生叫醒。他吃了一顿特别的早餐,在别人的帮助下穿上了橙色的宇宙航行服。2小时后,他被固定在"东方1号"火箭顶端的一个特别小的房间里的座位上。整个宇宙飞船高达42米,有3枚火箭把宇航员送入太空。每枚火箭都将充分利用它的燃料和动力,随后则在太空中脱落,使下一枚火箭可以飞得更快、更远。

等待着火箭发射的人们总不免有一些焦急的心情。然而,加加林并不焦急。他后来告诉人们说:"我在那特别的小房间里,可以闻到春天的气息。进入太空,这是一个很幸福的回忆。"

又过了一个小时,"东方1号"离开发射台徐徐地升起,宇宙航行开始了。宇宙飞船越飞越高,整个地球都展现在它的下面。这时,加加林情不自禁地欢呼道:"美丽极了!""我看见了地球和上面的森林、海洋和云彩……"宇宙飞船正以每小时27 200多千米的速度前进,它飞过苏联、印度、澳大利亚和太平洋的上空,它已经进入地球轨道,正环绕着地球运行。虽然加加林已经失重,但他感觉良好。他有许多事情要做,还要操纵各种仪器。失重并没有妨碍他的工作,他没有表露出丝毫的担心或忧虑。在太空中,宇航员能够进行清晰而敏锐的思考,这使人们感到振奋。加加林在太空中做动作是敏捷而有把握的,他没有失去自己在地球上所表现出来的那种理智。人们第一次看到人进入太空以后没有发生什么特别的变化。

加加林的这次航行时间并不长。他只飞到330千米的高度,航行了1小时48分多的时间就返回了地面。那枚使宇宙飞船下降速度放慢的小火箭在非洲上空就被烧掉了。当宇宙飞船那光滑的金属保护层开始熔化时,加加林从窗口看见了它发出的闪光。这是飞船唯一的保护层,整个宇宙飞船是否也会被熔化掉呢?人们自然会有这种担心。但加加林清楚地知道,以前的无人宇宙飞船都已安全地返回了地面,所以他一点也不担忧自己的飞船会被熔化掉。

上午11时,加加林用降落伞降落在苏联的一个村庄附近。科学家们在离"东方1号"着陆点10千米的地方等待着他的归来。

加加林勇敢地开辟了人类通往太空的道路，证明了人类可以安全地进入太空。

加加林的这次宇宙航行还证实了科学家们的论断是正确的，世界各地的科学家都为此而感到高兴。

加加林完成世界上第一次载人宇宙飞行后，荣获了列宁勋章、金质十字章，成了苏联英雄。

然而，几年后，尤里·加加林销声匿迹了。关于他的死一直是个谜，后来人们才知道：

1968年3月29日，苏联英雄、人类第一个进入太空的使者、环球飞行的勇士尤里·加加林上校同苏联英雄、飞行教练弗拉基米尔·谢列金上校一起，为再次进入宇宙飞行进行正常的训练。

他所驾驶的是经过认真检查、最可靠的米格—15歼击教练机。尽管这次飞行是由经验丰富、技术高超的一级试飞员弗·谢列金担任检查员，尤里·加加林本人也做好了应付特殊情况的准备，但是意想不到的空难还是发生了。对于加加林这位跨越了时间和空间界限、为当代人和后代人所铭记的英雄的遇难原因，多年来众说纷纭，莫衷一是。为了弄清空难之谜，当时苏联召集专家专门成立了政府调查委员会，按人力分成两个部门：一个部门调查飞行的组织和安全程度，飞行的准备状况。另一部门了解飞行的技术装备的可靠程度和使用程序。调查结果充分证明：

尽管当时的飞行条件极其异常，但是飞机的动力装置和设备正常，一直工作；

没有任何理由推测发生了意想不到的事故，如发生爆炸、飞行员中毒等；

飞行员有高超的驾驶技能，对这种飞行的准确程度和身体状况，都符合最严格的要求，没有出现任何误差；

飞行时没有发生与其他飞机、探测气球和鸟类的碰撞。

上述几点无法解释乘坐宇宙飞船"东方1号"完成人类历史上第一次环绕地球飞行的苏联宇航员尤里·加加林的遇难事件，那么究竟是什么原因造成那次空难的呢？

调查委员会在存档材料中找到了加加林最后一次飞行的报告、证件、地图和表格，从中发现了许多新情况：飞行员知道当时是8—10级的浓雾，底层在900米高空，而实际上在特技飞行地区这个数字是400—500米，这么大的误差是如何造成的呢？

首先，气象探测飞机穿过的是机场地区的云层。其次，3月27日这天，地面无线电测高计没有工作。这样飞行的实际高度，地面指挥只能根据飞行员的报告来掌握。再就是为雷达站指示器荧光屏输送图像的特种摄像机也未工作，只得根据探测飞行员的判断，这势必会降低准确性和可靠性。另外，飞行中还存在许多违反组织和指挥飞行的现象。尤里·加加林和弗·谢列金乘坐的米格—15起飞1分钟后，也就是10时20分，两架米格—21飞机升空，在爬高穿过云层时，超过了加加林的飞机这样的违纪现象，因为当时能见度低，可能造成空中碰撞，但是侥幸未发生。10时21分，又出现一架米格—15飞机，是修理后为检查发动机而试飞的，与加加林的飞机相距不远，但是也未出现意外。

根据材料和重新发现的情况，调查委员会成功地复制了一架机身带有数字"18"的米格—15歼击教练机，并将飞机模型的数据输入电子计算机，以便深入细致地分析加加林最后1分钟的工作,因为在此以前,一切正常。

在计算时,他们考虑到飞机常有两个副油箱,这当然会对飞行产生一定影响。

加加林接到返回的命令后,从4 200米降到3 000—3 500米。据那架检查发动机的米格—15飞机的飞行员回忆,他当时没有发现加加林的飞机,那么加加林的飞机是跟在他后面飞行,距离只有500米,可能陷入了前面飞机高速动作引起的大气涡流中。很显然加加林力图摆脱涡流,可飞机当时处于云层中间,无法判定方向。模型试验证明,在这段时间内飞机得旋转5—6圈。这时用仪器监视飞行是非常困难的。因为在这种情况下工作,指标具有多变的特点。除此之外,空气压力受感器也是在非正常状态下工作,接通气压高度计的信号迟钝,这些都是显示高度误差的根源,因此,在计算内误差达200—300米。

根据气象预报和测高计,飞行员加加林认为一切都正常,所以就放心地有把握地驾机俯冲,并且没有使用离机装置。当加加林冲出云层,飞机离地面高度只有250—300米,而且俯冲角度为70—90度,这意味着飞机着陆只有1秒多的时间了,在如此短暂的时间内,飞行员是无法采取任何补救措施的。

就这样,苏联最杰出的、勇敢无畏的飞行员尤里·加加林和弗·谢列金一起遇难了。

他们到了嫦娥居住的地方

每逢中秋之夜,人们仰望皎月,自然会联想到嫦娥奔月的神话故事。月亮上果真有嫦娥的玉宇琼阁吗?1969年美国宇航员第一次登上月球,从此人类便看清了它的真面目。那里没有仙山琼阁,没有桂树和玉宇,更不存在嫦娥和吴刚。月亮不过是地球的一个卫星,体积为地球的1/4,离我们38万多千米,上面覆盖着一层岩石和尘埃,既没有水,也没有空气,生物在那里是无法生存的。1971年7月26日,美国著名宇航员詹姆斯·欧文和其他两名宇航员一起,驾驶"阿波罗15号"宇宙飞船在月球上登陆,并拍摄了人类踏上月球的影片。

欧文说,他们登上月球的时候正值黎明,太阳在仅有1.5千米远的地平线上升起,月冕的光晕蒸腾跳跃着,把月亮表面染成淡淡的巧克力色。由于月球上没有大气,也就没有大气的折射现象,一切都出奇地清晰,明亮的地方极明亮,黑暗的地方极黑暗,每个山头都投下了狭长阴森的黑影,再加上黑暗的陨石坑,使人觉得月球上的大地仿佛在起伏波动。

月球上没有风雨,没有生命,没有声音,一切都像是静止的。即使是山的影子,也看不出明显的变化。由于月球自转速度慢,月球上的一昼夜大约相当于地球上的27天,所以在月球上工作几小时,抬头看着太阳,太阳好像还在老地方没动。

欧文他们在月球度过了119小时46分。他说,月球上温差很大,"白天"最高温度达127℃,"黑夜"最冷达-183℃。

欧文说,"站在荒原般的月球上,在一片死寂中,望着我们的地球。地球像挂在漆黑的宇宙中的一只蓝白相间的水晶球,大约有4个月亮那样大。地球也是阴晴圆缺,当我们返航的时候,它宛如一弯放大了的新月。"

据1994年4月21日德国《图片报》报道,现在美国航天局的科学家们发现,月球上储存着数以10亿吨计的冰。这样,人就有可能在月球上生活了。约翰·勃兰登堡说:"月球上的冰可以融化成饮用水,可以供温室空调使用。另外,也可以将它变成液态氧,用它驱动载人宇宙飞船。"

自1994年2月以来,一直在宇宙飞行的月球探测器"克莱门坦号"发现了月球南极上的冰层,将雷达信号发回美国航天中心。"克莱门坦号"探测器是"阿波罗号"宇航员登月以来的第一个"月球造访者"。

登月的人今天在哪里

迄今为止，人类已成功地乘坐宇宙飞船六访月宫，先后有12个人到达月球。

1969年7月20，美国"阿波罗11号"宇宙飞船首次成功地在月球上着陆，两名宇航员在月球上迈出了人类的一大步。他们在月球上度过了21小时36分，收集了月球上340千克的土壤和岩石样品，拍摄了照片和用铝箔捕捉太阳风质点，安放了测试、记录月球震动的月震仪和精确测量与地球距离的激光反射器。

1969年11月，美国"阿波罗12号"第二次登月，宇航员做了几项重要试验，带回了岩石和尘土样品，同时还将美国发射到月球上的探测器的部分仪器带回地面，供科学研究。

1971年，美国宇航员第三次乘坐"阿波罗14号"登月。这次他们带去一辆手推车，并把岩石装在车上拉着走。在月球上，他们作了近3千米的长途旅行。一位宇航员特意做了在月球上打高尔夫球的活动表演。

半年之后，美国"阿波罗15号"开始了飞向月球的航程，还带去了一辆最远可行驶90千米的月球车。登月之后，宇航员驾车到不同的地方去进行探测。他们在月球上活动了两天多，使用车上的仪器进行了一系列新的化验和实验。

1972年4月，美国宇航员乘坐"阿波罗16号"又一次成功地登上了月球，并按计划进行了多项考察、探测和科学实验。

同年12月，"阿波罗17号"载着美国宇航员实现了第六次登月飞行。宇航员在月球上建立了一个核动力装置的实验室，安装了一组先进的电子仪器。两名宇航员再次驾车在月球上驱车20千米，并发现了月球上曾有过水的依据。

登月的经历给他们每个人留下了不可磨灭的印象。他们当中有些人返回地球后取得了巨大的科学成果，而且生活和精神没有多大改变；但另有几位在回到地球后，却永远改变了世界观。下边我们就介绍一下他们返回地球后的工作和生活状况。

1. 尼尔·奥尔登·阿姆斯特朗

他是"阿波罗11号"宇航员。月球之行后，他辞去了宇航员的工作，在国家航空和航天局设在华盛顿的机构的一个办公室任职。后来，他做过大学教授，做过航天顾问，还做过主持人。

阿姆斯特朗返回地球后，生活同过去一样，他性格内向，不喜欢抛头露面和张扬名声，在俄亥俄州莱巴嫩城的自家农场过着平静的生活。

2. 埃德温·布茨·奥尔德林

他也是"阿波罗11号"宇航员小组成员。他的情况变化最大，当他得知自己像一部机器被人摆弄之后，心理发生了严重变态。

返回地球后，他成为受人注意的目标，从此问题就出现了。他不能适应这种生活并且越来越不能保持心理平静，这曾使他意志消沉和酗酒。

他在1973年撰写的自传《返回地球》中，把自己的问题归咎于抑制不住的冲动情绪。他总是感受到他父亲给他的一种压力。除此之外，他不能正确适应返回地球后的生活。他出生在纽约市郊，父亲是陆军上校。他在自传中回忆了父亲给他的压力，他描写了这个"老头子"在得知他儿子没能成为第一个登上月球的人之后如何大发雷霆。

3. 迈克尔·柯林斯

他也是"阿波罗11号"宇航员。他是一位心地善良的细心的人。谁都知道他在返回地球后在华盛顿政府内谋到一个职位。他说他已经对旅行和提着箱子住饭店的生活感到厌倦，因为这样总不能看到孩子成长。于是他离开了国家航空和航天局，在公共事务局当了一段时间助理。他还任过全国航空和航天博物馆馆长。这个博物馆是美国最吸引公众的地方之一。在这里，他充分发挥了在经营管理方面的才干。

他在1974年出版的《乘火升空》一书中展示了他在诗歌和文学方面的天赋，此后他还撰写过一些有关火星和宇宙飞行方面的书籍。同时他还作为航天和国防公司副总裁及驻华盛顿业务部主任做过5年生意。

4. 艾伦·比恩

他是"阿波罗12号"宇航员。比恩居住在休斯敦市郊，他曾说："我是唯一到过另一个世界又能描绘出它的艺术家。"他所画的一切作品都是有关月亮的。比恩决心在10—15年中完成200幅月球之行的画稿。

5. 查尔斯·康拉德

他也是"阿波罗12号"宇航员。他于1969年11月登上月球。他对1973年回收"太空实验室"更感到自豪，为此政府授予他特别荣誉勋章。康拉德是加利福尼亚麦道飞机公司副总裁，他致力于研究如何大幅度减少火箭发射成本问题，他还经常在中学和大学作空间计划报告。

6. 埃德加·米切尔

他是"阿波罗14号"宇航员。1971年作为科学家和探险家登上月球。他返回地球两年后，离开了国家航空和航天局，接着他在加利福尼亚州的索萨利托建立了一所认识学学院。

7. 艾伦·谢泼德

他是"阿波罗14号"宇航员。他是美国第一个在太空，也是第一个在月球上打过高尔夫球的人。他于1974年离开了美国国家航空和航天局。

8. 戴维·斯科特

他是"阿波罗15号"宇航员。

目前他为加利福尼亚州一家太空运输咨询公司服务。

9. 詹姆斯·欧文

他也是"阿波罗15号"宇航员。后来，他建立了一个新基督教组织，他于1991年死于心脏病。

10. 查尔斯·杜克

他是"阿波罗16号"宇航员。他于1972年登上月球。1978年后，由于没有找到一种与登月相协调的工作，最后又重新信奉上帝，成为新基督教徒。现在查尔斯住在得克萨斯州新布朗费尔斯市，从事传教士工作。

11. 约翰·扬

他是"阿波罗16号"宇航员。他是唯一仍在美国国家航空和航天局任职的登月宇航员，也是航天计划的技术总监。

12. 尤金·塞尔南

他是"阿波罗17号"宇航员，也是最后一位登上月球的人，登月时间是1972年12月15日。塞尔南现在担任休斯敦自办的航天公司的咨询人。

13. 哈里森·施米特

他也是"阿波罗17号"宇航员，也是唯一一位利用月球之行竞选当上新墨西哥州共和党参议员的宇航员。他目前住在该州阿尔纳克基市，从事科技和政治方面的咨询工作。

小动物也当上了"宇航员"

美国马萨诸塞州列克星敦有个高中学生,叫朱迪丝·迈尔斯。她提出一个问题:"蜘蛛在宇宙空间里还能织网吗?"这个问题引起了宇航局的兴趣,科学家决定把蜘蛛带到宇宙空间去做实验。

两只十字圆蛛当选为试验者,一只叫阿拉贝拉,另一只叫安妮塔。这种蜘蛛会结圆网,每天在日出前织一个网,要费22到33米长的蛛丝。如果神经受到损害,它们就不能好好地织网。因此,只要看它们在宇宙空间织网的情形,就可以弄清楚失重对它们的中枢神经的影响程度。

1973年7月28日,两只蜘蛛被放进一个小玻璃瓶里,瓶里还放了一只家蝇,一块浸湿的海绵。家蝇是它们的食物,海绵里的水是它们的饮料。只要有水喝,蜘蛛不吃东西也可以活三个星期。瓶子带到了"阿波罗号"飞船上。美国东部时间下午3点半,"阿波罗号"飞船与天空实验室对接,接着就在轨道上运行。在轨道上的第9天,科学家欧文·加里奥特开始对阿拉贝拉做实验。他把小玻璃瓶放到一个大玻璃盒里。打开小玻璃瓶以后，阿拉贝拉纹丝不动。几小时以后，加里奥特博士摇晃小瓶，阿拉贝拉跳动起来，它用游泳的动作游到盒子的另一端，把自己贴到网状盒盖上。在地球上，阿拉贝拉利用风力在空中织网。地球的引力给它有重量的感觉，它知道该用多粗的丝来织网。宇宙空间没有引力，而且没有风，它能织网吗？

8月7日，地面控制中心收到加里奥特博士的报告："我们的朋友阿拉贝拉昨天夜里干了出色的事。它织了一个很不寻常的网。它沿着盒子的四个角，角对角地拉起了丝。到8月10日，它已经织成了一个完整的，但是不太结实的网。"控制中心很满意，他们要求加里奥特博士给两只蜘蛛各喂一片像家蝇那样大小的肉。

阿拉贝拉织了许多网，这些网的图像都通过电视传到地球上。阿拉贝拉呆在网中央，就像处在星座中的一颗恒星！

该轮到安妮塔进行实验了。开始，它也纹丝不动。加里奥特博士把它抖落到小瓶外，它抱着博士的胳膊不放。博士把它拿开，强迫它"游"到盒子的那端去。后来，安妮塔也像阿拉贝拉那样织起网来。不幸的是在9月16日夜里，安妮塔由于过于饥饿而死亡了。控制中心听到这个消息通知说："科学家们都想看看安妮塔，请把它的尸体放在小瓶里，带回地球。"

1973年9月26日，美国东部时间下午6点20分，飞船安全降落在太平洋上。"天空实验室2号"包括蜘蛛在内的全体乘务员，总共在空间停留了59天，航行了3 840万千米。阿拉贝拉也牺牲了。科学家认为它可能是脱水而死的。因为失重会使宇航员感到身体里面充满着液体，没有渴的感觉。宇航员会强迫自己喝水，阿拉贝拉不明白这点，所以遇难了。蜘蛛在空间织网的实验使人们知道：蜘蛛很快就习惯了失重状况，并且在这种状况下织出了和在地球上织的一样的网；蜘蛛在空间织的网比在地球上织的网还好；蜘蛛网的厚度取决于网所能承受的重量。

为了了解和验证动物的太空习性，以便为人类在不久的将来到太空去生活和工作摸索出一些经验和根据，人们开始了宇宙动物学的研究。在宇宙飞船上建立了动物实验室，也就是"太空动物园"。

现在，在太空动物园里旅居的都是中、小型动物，如青蛙、兔子、猫、狗、猴、鸡、鱼和黄蜂等。苍蝇和老鼠虽为人类所憎恶，但作为研究的良好对象，也成为太空的座上客。而在地球上的动物园里尊为贵客的大型动物狮、虎、象等，由于运载上天所需的本钱太大，尚需等待时机。

让我们来了解一些动物在太空生活的情况吧！

科学家把几百只苍蝇分放在太空动物园的三个角落里，这三个角落的重力场各不相同：一个模拟地面重力场，一个二倍于地面重力场，再一个五倍于地面重力场。结果发现，苍蝇们都喜欢到模拟地面重力场的那个角落产卵生殖；在二倍于地面重力场的地方，苍蝇都萎靡不振，出现病态；而在五倍于地面重力场处的苍蝇，都很快地死去了。太空动物园里还装有6对雌雄老鼠和30只独身雄鼠，分别让它们在模拟地面和二倍、四倍于地面重力场的环境中生活。结果发现：老鼠的抵抗力大于苍蝇，在这几种环境下的老鼠都没有死亡。不过，大于地面重力环境里的老鼠都显得惊躁不安，并且在7天以后，它们的肌肉萎缩了，病态很严重。回到地面后解剖检查得知，它们的肌肉中粘多糖成分下降，胃壁细胞中的细胞质密度变小,胃中磷酸酶的活性增大。而在模拟地面重力环境下的老鼠,不但健康如常,而且有两对还在太空中成亲、交配、怀孕和分娩,生下的小老鼠在回到地面后仍能健康地活着。其他环境下的太空鼠都没有生育。太空动物园里还养了一群黄蜂。在模拟地面重力场中生活的黄蜂筑巢和地面基本一致,但在两倍于地面重力场下的黄蜂筑巢就与前者明显不同——沿着重力加大的方向巢壁加厚,以对抗重力加大产生的影响。这说明像黄蜂这样的低等动物,也会在太空特定环境中作出反应以求生存。另外,还发现在一倍半于地面重力时,黄蜂的筑巢速度最快。

在太空动物园的二倍于地面重力的区域里,还生活着一群小鸡。它们在那儿生活了18个星期后,回到地面时体重普遍下降,腿骨明显变形,肌肉受到损伤。此外,太空动物园中的猫、狗、猴的抵抗力都较好,猴子可以安全返回而不得"太空病";狗也基本健康而归;相比之下,猫的身体状况欠佳。可以认为动物越高等,自动调节适应太空变异的环境的能力越强。在有鱼类和青蛙参加的太空失重状态实验中发现,鱼的耐失重能力比青蛙好,青蛙的耐失重能力比猴子好。这说明水生动物的耐失重能力一般比陆生动物好,而两栖类居中,原因尚待研究。这可能是水生动物的细胞组织结构较疏松、较轻盈,对重力变化敏感度小些。在太空动物园里生活,可以改变动物的遗传性能。比如,在太空孵出的鳃足虫,到第三代大都寿命不长。但草履虫的繁殖率却提高了4倍。据研究是太空辐射线使遗传物质中的染色体发生变异的缘故。由于宇宙环境可以改变遗传能力,现在已经开始建立太空遗传学这门新学科。

宇宙空间的争夺

1961年4月12日，莫斯科时间9时07分，一枚银白色的运载火箭，从拜克努尔宇宙发射场离地升空。这是人类历史上第一艘载人宇宙飞船"东方1号"被送上太空。飞船里仰卧着一位头戴白色密封头盔、身穿橙红色航天服的宇航员，他就是世界上第一位飞上太空的苏联空军少校尤里·加加林。

加加林当年27岁，他所乘坐的飞船同运载火箭的最后一级，以时速28 000多千米的高速，用89分34秒绕地球一周后，在飞船下降到距地面约7 000米高度时，加加林从座舱里被弹射出来，借助降落伞安全地着陆在苏联西部伏尔加河流域的萨拉托夫州的田野上。从起飞到着陆，历时108分钟，飞行了约40 000千米。

1963年，美国不甘落后，决定在1964年发射双人飞船。当时赫鲁晓夫听到这一消息后，不顾实际情况，命令科学家一定在1964年十月革命节前，发射一艘三人宇宙飞船，好和美国比个高低。

其实，宇航员是必须穿宇航服的：离地面越远，空气越稀薄；在太空中由于没有大气层的保护，太阳光照得到的地方非常热，而照不到的地方又非常冷,温度能够在很短的时间内由120℃下降到-100℃;太空中也经常遭到较强烈的宇宙射线的影响以及陨石的袭击。因此太空是一个非常恶劣的生活环境,必须穿宇航服才能生活。宇航员穿着宇航服,能够在宇宙飞船的舱外漫步和工作,并且可以做高度自动化的机器所不能取代的事。宇航服就像一个小太空舱,如同一个能伸缩的保护外壳,里面包含着氧气、水、气压和适当的温度,并有自动除去宇航员呼出的二氧化碳与排泄物的设备、测量心跳与检查健康的仪器以及无线电通讯机。宇航服的加压装置使宇航员的身体能够维持正常的血压。一个人如果不穿宇航服,或不在加压的宇宙飞船里,在离地面8千米的高空,因为在低压环境里,血液内的氧会变成气体,而成人体内大约有5升血液,如果其中的氧变成气体,体积至少增加3倍,身体就会爆炸了。宇航服还能保护宇航员在宇宙飞船里很快地加速时不受影响。

如果论在太空持续飞行时间的长短来说,最初飞上太空的加加林只飞行了一个多小时,而后来苏联宇航员季托夫和马纳罗夫在"和平号"轨道站上创下了366天的纪录(1987年12月21日—1988年12月21日)。有趣的是,当他们在太空生活快满一年时,也就是1988年12月4日,在轨道站上举行了一次别开生面的记者招待会,他们通过电视屏幕回答了地面记者的问题。当一名中国记者问到他们在太空飞行一年的感受和能否生活更长一些时间时,季托夫回答:"苏联宇航员已积累了长时间太空飞行的经验,证明人是可以在太空长期生活的,我们现在身体状况很好,如果需要,还可以再工作一段时间。"

1991年4月14日,苏联宇航员马纳罗夫成为世界上第一位太空飞行累计时间最长的人,已突破500天。美国在这方面就逊色一些,它的最长的个人太空飞行累计时间是84天,那是1973—1974年在美国的空间站"天空实验室"上创造的。

美国的载人航天长期飞行虽然落后了,但在研制可重复使用的载人航天飞机方面却占了上风。说来也巧,世界上第一架航天飞机"哥伦比亚号"是美国1981年4月12日发射成功的,它为解决往返于地面和地球轨道之间的交通问题,提供了可重复使用的工具。

苏联的第一架航天飞机"暴风雪号",是1988年11月15日发射成功的,飞机上没有宇航员,靠自动驾驶装置着陆。有人估计,这可能是苏联对这种航天飞机的安全可靠性还没有充分的把握所致。

现在人们很关心中国能否实现载人航天。众所周知,实现载人航天必须具备两个条件,即"上得去"和"回得来"。"上得去"是指有推力足够大的运载火箭,把一定重量的飞船送往近地轨道。我国1990年7月16日发射成功的"长征2号"捆绑式大推力运载火箭,起飞推力达到900吨,能把8.8吨的有效载荷送往近地轨道。这个能力已超过苏联第一艘载人飞船的水平。"回得来"是指飞船能安全返回地面。我国1975年11月26日首次发射成功返回式卫星,成为在美苏之后第三个掌握了卫星回收技术的国家。此后,我国又成功地发射了十几颗返回卫星,回收成功率达到了100%。这说明"回得来"的问题也已经解决了。我们已经高兴地看到"神舟五号"飞船已于2003年10月圆了中国人的千年飞天梦。

可以重复使用的航天飞机

　　1981年4月12日,由美国研制的第一架可重复使用的航天飞机"哥伦比亚号",在一阵轰鸣声中飞向天空。它飞得真快,比声音的速度要快20多倍呢!它绕地球飞行36圈,从起飞到降落经过了54小时20分钟,于4月14日按计划回到了地面。航天飞机上的两名宇航员受到了热烈欢迎。

　　航天飞机是一个复杂的组合体,主要有三个部分:一个短而宽的部分,是有3台液氧与液氢作燃料的发动机、外形类似喷气客机的太空轨道飞行器,长37米,宽24米,可供7—10名宇航员不穿宇航服在里面生活多天,它是航天飞机系统的核心部分;一个又粗又长的部分为轨道飞行器供应推进剂的而且可以抛掉的外部燃料箱;第三个部分是两个并列的提供初始上升推力的而且可以回收再用的固体燃料运载火箭。

　　航天飞机既是运载火箭,也是宇宙飞船,还是航空飞机。所以,它的用途十分广泛,为空间的开发和利用提供了理想的交通工具。概括地说，航天飞机将能承担以下四大类的任务。

第一类任务，是把欧洲十国共同研制的"空间实验室"送入空间。科学家在空间实验室里，不但可以进行地球资源的探察，搞些空间加工和制造，而且还可以展开各种基础科学的研究。

第二类任务，是在近地轨道间往返运送各种应用卫星和科学卫星。由于航天飞机的货舱容积庞大，每次可以容纳多达29吨的有效载荷，因而具有运载大型卫星的能力。航天飞机的遥控机械手像人的手一样灵便，它既能把卫星送出货舱，也能把已经损伤的卫星捕入舱内进行修理，或者带回地面。航天飞机可以使空间望远镜成为自由飞行的空间观察站。同地面天文台比较，空间观察站能观察到7倍深的宇宙空间，探测出弱50倍的星体，而且观察清晰度可提高10倍。

第三类任务，是发射高轨道卫星和星际探测器。在失重条件下，只用一种推力不大的自旋末级火箭，就可以把通信卫星、气象卫星或地球资源卫星发射到36 000千米高的地球同步轨道上。

第四类任务，是它将作为未来大型空间结构的运载工具和建造平台。在这一点上，航天飞机更能显示出它那巨大的潜力和划时代的意义。利用航天飞机一次次地运送部件，人们便可以在地球轨道上组装大型太阳能发电站、大型空间加工厂，使空间成为重要的能量来源和新型工业基地。

它可以建设太空工厂，原来有些在地球上做不到的事，在太空工厂里将能够做到。例如轮子上用的滚珠，因地心引力的作用，在地球上做不到绝对的圆，而在太空就能解决这个问题。

电子工业的主要物质晶体，在地球上难以做到绝对的平，绝对的纯，但在太空失重的条件下，能够制造出完美的晶体。

在太空医院里，被烧伤、烫伤的病人飘在空间中，免除了床面的接触，能使伤皮渗出的血清快速凝结，避免伤皮大量失去血清，加上太空病室绝对无菌，容易治疗。

另外，对勘探矿藏、预测地震、预报地震、预报气象、预报旱涝、侦察海洋鱼群、侦察农作物的病虫害等等，在太空里它都有独到的优越性。

航天飞机在军事应用上也很有潜力。比如，通过机械手把军用卫星部署在轨道上；捕捉敌人的卫星，把它带回地球；还可以用来摧毁对方的地球轨道上的军事装置和太空船，甚至可用来携带长程激光武器，来摧毁地球上的核导弹基地。

航天飞机经过一次飞行后，可能被陨石和气动加热弄得满目疮痍。但经过整形又可以焕然一新，再进行下一次的飞行。每架航天飞机，可以重复飞行100次以上。

说到这里，人们自然会问：航天飞机是怎样发射上天的呢？

1982年11月11日，拂晓，晨曦将远处大西洋的水平线淡淡地显现出来。

在美国佛罗里达州卡纳维拉尔角的航天飞机发射基地，第39A发射台上巨大的航天飞机"哥伦比亚号"正整装待发。再过1小时30分，这架航天飞机就要载着5名宇航员直上云霄了。

航天飞机的5名宇航员在半年前就住进了约翰逊空间中心接受宇航训练。训练内容包括熟悉机舱里各种仪器设备的性能、学会操纵和控制的方法、研究飞行过程中可能出现的问题和应采取的对策。起飞前最后几天,准备就绪的宇航员们就与外界隔绝了,以保证每一个人身体状况良好,杜绝感染流行性感冒的可能,并使各自不同的生活规律与这次飞行任务所规定的作息时间相一致。

宇航员们在起飞前5小时起床,穿戴上高统靴和防火绝热的宇航服。衣服上标着字体很大的姓名,和一块专门为这次飞行设计的臂章及一面小小的美国国旗。吃过一顿正规的丰盛早餐以后,他们各自将钢笔、小折刀、墨镜、计算器、手电、食品、手套,分别塞进宇航服上许多口袋里,私人物品和钱包则集中保管。宇航员们还随身带着专门准备的护照,以备万一航天飞机发生意外,宇航员在外国领土上着陆时用来证明自己的身份。

基地技术人员陪同5名宇航员走进39A发射台的工作塔,乘电梯升到标高195的地方停下。那儿有一道长长的钢格栅天桥通向一间毗连航天飞机舱门的绝尘室。宇航员在绝尘室里由技术人员帮助,穿上背心式的紧急脱离装置。万一航天飞机起火或突然爆炸,这套装置能帮助机舱中的宇航员迅速弹离机舱,安全降落到地面上。

现在,宇航员们该进入机舱了:指令长走在前面,其次是驾驶员,后面是执行任务的技术专家。他们依次坐到指定的座椅上,束好安全带,技术人员随即对机舱作最后检查。当确认一切无误以后,技术人员即将自己头上套着的对讲电话机插头从机舱里的对讲电话系统插座上拔掉,他们就此不能跟戴上密封头盔的5名宇航员通话了。但是他们仍可以用轻轻拍肩、挥挥手和跷拇指的手势来表达自己的美好祝愿,然后一个个走出机舱,舱门随即紧紧地关上了。

　　航天飞机发射以前最后一刻，各项工作安排得非常精确和严密。这次发射定于当天早晨7时19分到7时22分。这个时间是根据地球相对于太阳的位置、航天飞机施放卫星的位置以及8天以后航天飞机重返地球预定着陆的光照条件等多项因素经过精确计算决定的，因此绝对不容许在准备过程中出现任何差错，从而影响这个铁定的发射时刻。

　　6时49分，留在绝尘室里的技术人员撤离工作塔，乘车到离发射地5千米以外的安全地方，坐下来观看航天飞机发射。

　　飞行数据在最后20分钟时输入到机舱中的电子计算机中，然后要作最后一次发射故障信号检测。接着是让机舱里的全部仪器设备运转10分钟，使它们在正式纳入电子计算机自动控制系统中时，保持稳定和同步。只剩7分钟了。绝尘室和天桥脱离航天飞机。发射前5分钟，驾驶员启动辅助动力发动机。辅助动力发动机以偏二甲肼为燃料，它的功用是驱动液压泵，从而操纵航天飞机表面所有的空气动力控制部位，并且按照导航电脑的指令，不断调整主发动机喷嘴的位置，改变推力角度，引导航天飞机向预定的方位前进。当驾驶员和指令长对液压系统作最后一次快速检测，确认液压系统运行正常之后，又将主发动机的喷嘴按编好的程序转动，检查喷嘴的动作是否会引起平衡支架的晃动。同时，地面电源切断，转换到机上电源。

　　机舱里宇航员们的耳机里传来了基地飞行指挥的命令：放下头盔上的护目镜，把耳机的音量放大，允许大家通过对讲电话系统互相谈话，目的是分散大家对飞机起飞时主发动机巨大声响的注意。

发射前8秒，发射台两侧的水塔开始放水。上万升水像汹涌的尼亚加拉瀑布一样，喷灌到发射台台脚下面的地坑内，这是用来吸收来自航天飞机主发动机的声音的，否则声能会立即引起爆炸燃烧，它的反射热量足以严重损伤航天飞机的三角翼和尾翼，降低飞机的有效载荷。3秒以后，机载电脑发出指令：打开外挂燃料箱的阀门，将箱内的超冷液氢及氧化剂输至三台主发动机，经气化、压缩、混合、燃烧，通过喷嘴排出，产生巨大的推力。这一刻的功率，足够美国一个纽约州所用的了。

当主发动机点火时，机舱内的宇航员们感觉到在他们的下面响起了一阵强烈的火焰轰鸣声，以及一种突然向外挂燃料箱而略略倾侧的感觉。最后2秒，航天飞机里的电脑对主发动机喷出的气流压力及其产生的推力作自动检测，确认达到规定指标时，两台固体燃料火箭助推器的点火装置，立即将助推器里装填的一种高度易燃的铝粉点燃。半秒以内，两台助推器内总共1 000吨固体燃料引燃，产生2 360 000千克推力。这个推力比航天飞机上三台液体燃料主发动机的总推力还大3倍多，这时，它的功率足够供给美国大西洋沿岸各州的照明用电。这种火箭助推器是迄今为止推力最强大的运载火箭。固体燃料一旦引燃后，就不能像液体燃料那样熄火或减慢燃烧速度。它产生的高温火焰，将发射台用来固定航天飞机的8根螺栓熔断，航天飞机及其运载火箭就在这一刻离开发射台，飞升直上碧空蓝天了。远远望去，但见从助推器尾部喷出两股像阳光一样夺目、足有300米长的气流；而从三台主发动机里喷出的三股灰蓝色的气流跟蓝天的颜色相近，显得很淡，几乎看不见。

地面上的地勤人员和观看发射的来宾，目送航天飞机在蔽天的烟雾、水汽和灼人的光芒中带着震颤大地的巨响疾速升空。在机舱里的宇航员们则除了看到工作塔在旁边突然消失以外，其他什么都没有看见。但是，他们能够感觉到载着他们5个人的航天飞机划破空气时产生的轰响、身子下面急速排放的气流产生的推力以及巨大的加速度。

这次从地球到空间轨道，从富饶的佛罗里达草地到茫茫太空的旅程，只花了8分50秒。但是，卡纳维拉尔角的航天飞机发射人员们却为这次飞行筹划了至少半年，而整个计划则是成千上万名技术专家十多年苦心研究的成果。

航天飞机从发射台升空以后，为了利用地球每小时1 600千米的由西向东的自转速度，它以一条巨大的弧线越过大西洋。宇航员们被巨大的重力紧紧地推向几乎持平的座椅背，身躯感到十分沉重，只能稍稍动动手臂。由于航天飞机是倒挂在外挂燃料箱下方飞行的，所以宇航员的姿势便成为头朝下脚朝上。机身颤动得非常剧烈，尽管宇航员们戴的是密封头盔，仍旧挡不住难以置信的发动机的轰鸣声。从舱窗朝外望，原来的蓝天变成了深浓的黑色，除了有一种向前的感觉外，什么方向都无法辨认。

起飞50秒后，航天飞机的时速接近1 100千米。主发动机的推力降低到65%，目的是不让高速空气流给航天飞机的挡风面、机翼和大垂直尾翼造成过大的阻力。随着航天飞机继续上升，大气越来越稀薄，气流压力则相应减小。这时，主发动机推力再次受到调整，增加到100%。仅仅60秒，航天飞机上升到了离地面

45千米处，速度达到每小时近5 000千米。

起飞两分钟后，航天飞机助推器内的固体燃料消耗完毕，此时，一道闪光，两支助推器自动从外挂燃料箱两侧炸离开去。

摆脱了助推器以后，机舱里震耳欲聋的轰鸣声消失了。此时，航天飞机已经飞行了6分30秒，高度为130千米，时速为18 000千米。为了做好主发动机停车以及外挂燃料箱与航天飞机分离的准备，航天飞机调整了自己的姿态。2分钟以后，主发动机推力再次降低到65%。当航天飞机达到时速27 000千米并继续加速时，指令长通过电脑发出了主发动机停车的指令。由于航天飞机推力突然消失，被安全带固定在座椅上的宇航员们感到身体朝前一冲。16秒后，连接航天飞机和外挂燃料箱的销子自动炸断，航天飞机尾部和头部的5台小型火箭发动机启动，把航天飞机从外挂燃料箱上一点一点地推离开去，很像一条划艇从一头猛烈摆动的鲸身边划离开去一样。

扔掉了助推器和外挂燃料箱的航天飞机刚刚升到大约110千米的高空，离预定轨道还有一大段距离；飞机还必须再次加速，才能完成进入轨道前的最后一段征程。因此，位于飞机尾部主发动机两侧的两台轨道发动机点火启动了，燃料是一种由四氧化氮作为氧化剂的肼。历时2分30秒，使航天飞机再次加速，从而扶摇直上，抵达南太平洋上空椭圆形轨道的远地点。这时，轨道姿态控制发动机点火一秒，使航天飞机终于进入稳定的环形绕地的重复轨道。从此刻起，航天飞机便依靠惯性在静谧的宇宙空间里开始周游了。

第一位登上太空的华人

1985年4月29日，美国"挑战者号"航天飞机在肯尼迪航天中心再度发射，进行第17次航天飞行。在这次飞行中，美籍华人科学家、宇航员王赣骏博士，成功地进行了他的液滴动力实验。

所谓液滴动力实验，也被称为"零地心引力的液态状况研究"。换句话说，就是液体在无地心引力和无容器状况下的动态研究，所以，也叫"两无"实验。

我们知道，在地面对液体的物理状态进行研究是不能离开容器的，而容器对实验是有很大影响的。尤其是在高温条件下，由于受容器"污染"的影响，许多实验只能限制在理论研究方面。直到人类登上太空之后，在"两无"条件下进行金属液滴实验，才提到了议事日程上来。正如王赣骏自己所说："二百年前牛顿就曾设想过在失重情况下进行无容器冶炼试验。等了二百年，我运气好，'祖上积德'，终于让我等到了！"

在太空进行的液滴实验，人们看到的是：一滴滴形状各异的金属溶液，它们不是盛在容器里，而是悬浮于半空中。王赣骏说，只有在太空中才能做出这种无容器的耐高温或超低温的金属材料实验。

当航天飞机进入轨道后，王赣骏来到太空实验室，谁知正在这个节骨眼上，液体动力仪失灵了，使实验无法进行，这意味着十几年的准备工作很可能前功尽弃。王赣骏心想：第一个上太空的华人不能失败，我一定把它修好，争这口气！他立即与地面的助手联系，几乎把仪器全部拆卸了一遍，终于用两天又八个小时的时间找出了故障——一个线路短路。故障排除之后，兴奋万分的王赣骏每天工作15个小时，抓紧有限的时间进行液滴动力实验，取得了大量宝贵的数据和资料；同时，还为别人完成了14个项目的实验。王赣骏液滴动力实验获得圆满成功，使科学界感到震惊，对整个流体动力学的研究、无容器冶炼先进技术的开发，以及天文物理和地球物理理论的运用等，都作出了突破性的贡献，为今后这方面的实验打下了基础，为未来的"太空工厂"开辟了一条崭新的道路。

第一位妈妈宇航员

1984年11月8日至16日,美国女宇航员安娜·费希尔和4名男宇航员一起乘坐"发现号"航天飞机上天,参加这架航天飞机的第二次飞行。安娜被人们称为"第一位妈妈宇航员"。她在上天飞行之前已有了一个一岁半的女儿。

安娜1949年出生在美国纽约州的沃尔巴尼,幼时在圣彼德罗中学读书。她1971年毕业于洛杉矶的加利福尼亚大学化学系,获理科学士学位后又进入加利福尼亚大学医学院深造。1976年获医学博士学位,并留在她实习的一家医院当内科医生。1977年她与威廉·弗希尔博士结婚,两人志趣相投,都立志献身于宇航事业。1978年1月,安娜首先被美国国家航天局聘用。两年之后,她的丈夫威廉也被选入航天局作预备宇航员。他们夫妇两人考虑到需要参加二三年严格的学习和训练才可上天。于是婚后没有要孩子。后来,他们计划参加的航天飞机飞行日期推迟了,直到1983年7月他们才有了一个小女儿。人们都说安娜走运。她在飞行上也比丈夫先行一步。安娜非常喜爱自己的孩子，她有时还带着刚满周岁的爱女到地面训练装置内玩耍，似乎要培养幼儿宇航员。这是一个令人羡慕的宇航员家庭。

在这次"发现号"的航天活动中，安娜作为一名随机工程师，主要负责操纵航天飞机上15米长的机械臂，协助两名进入太空捕捉卫星的男宇航员将两颗失效的卫星吊进货舱。为了熟练地掌握这项操作本领，她在地面训练就用了数百小时。因此在拯救太空两颗失效卫星的过程中，她与同伴配合默契，操作自如。在完成这项任务的同时，安娜还和航天伙伴们在太空成功地施放了两颗通信卫星以及进行了一系列科学实验，其中包括在太空失重条件下制取一种纯净的有机晶体。

安娜始终对宇航充满热情，怀着美好的理想。她在经历了这次难忘的太空飞行返回地面后表示：今后还要继续过这样令人神往的宇航员生活，如果可能，将来还要在有人的太空基地上去当一名太空医生，从事她的老本行。

从太空看地球，看日出

美国航天飞机"哥伦比亚号"的宇航员约瑟夫·艾伦在太空看到太阳和地球时说："当我听见'哥伦比亚号'的固体燃料火箭点火时，我对我的朋友说，我相信我是在乘'哥伦比亚号'起飞了。飞行的速度迅速地加快，外面蓝色的天空逐渐由深蓝变成浅蓝，但是宇航员不能说话，发射的纪律是不让说话的。"

"当固体燃料烧尽时，噪音突然停止了。现在我们靠三台液氢主发动机飞行了。这种发动机没有噪声，也不振动"；"我仍然难以克服我见到地球呈立体形状时的紧张心情，地球不再像从高空飞行的飞机上所看到的那样是扁平的了，它成了一个球体"；"我看见了地球呈圆形，然后又看到它还是立体的，当我往下看时，看到的物体是一层层的，看到云层高浮在空中，它们的影子落在阳光普照的平原上，看到印度洋上船舶拖驶前进……整个大自然呈现出一幅绚丽无比的立体风景画"；"从轨道上很难看到城市的灯光，'除非你在夜晚正好越过一个灯火通明的大城市上空'"；"我首先认识到的一件事是天空是漆黑的，无论有没有太阳，绝对看不见星星"；"在太空里夜晚是突然降临的，突然地使人大吃一惊"；"太阳真正是'像雷电一样迅速地升起'，并且以同样的速度很快地落下，因为'哥伦比亚号'的飞行速度是难以置信的。"

在载人航天器上生活的人，一天可以看到数次日出。这是因为航天器绕地球轨道飞行，每飞行一圈可以看到一次日落和日出。20多年来的载人航天器的运行轨道都还是近地球轨道，飞行高度一般在300—600千米，绕地球飞行一圈需90分左右，所以在航天器上的人，24小时之内见到16次日出日落。

在宇宙间看日出，不受气候影响。由于航天飞机飞行速度很快，太阳出来时好像迅雷似的一跃而出，太阳落山时也一样迅速地隐去。每次日出日落，仅仅维持很短暂的几秒时间，但至少可以见到8条不同的彩带出没。它们从鲜红色变为最亮最深的蓝色。12小时之内可以见到8次日出日落，而彩带没有一次是相同的。彩带的颜色，每次都在变。彩带的宽度每次也不尽相同。我们知道，彩带实际上是地球上空的气体被污染的证明。我们见到的最壮观的日出日落的景色，就是大气污染最严重的地区。

还有一位宇航员说，一天的概念对在飞船上的人来说，和在地球上是完全不同的。在地球上的一次日出日落是24小时，在飞船上飞行时日出日落仅仅一个小时，早晨计算机控制的钟叫他们起床，起来后拉开窗帘看宇宙。天色美极了，阳光灿烂，可是不大一会儿，太阳没有了，天又暗下来了，黑夜又来临了。他们想又该睡觉了。宇航员说，一会儿日出是早晨，一会儿日落是黑夜，频频地变换，真是有趣极了！

在太空里潇洒走一回

1984年2月7日，在美国航天飞机的第10次飞行中，宇航员布鲁斯·麦坎德利斯和罗伯特·斯图尔特先后离开"挑战者号"航天飞机90多米，分别在太空行走了90分钟和65分钟。人们风趣地称他们为"人体地球卫星"。

所谓"人体地球卫星"，就是宇航员背着"火箭背包"，完全脱离航天飞机，不用安全索系着，像卫星一样以每小时27 000多千米的速度，在环绕地球的太空轨道中"飘浮飞行"。

布鲁斯·麦坎德利斯成为第一个在太空行走的男宇航员，他以时速27 000多千米即相当于超音速喷气机速度的20多倍飞行。这对于站在地球上的人来说，可谓是风驰电掣的"神行太保"了。其实，这正是离地球280千米高空轨道上的航天飞机赖以不坠所必须具备的环绕速度。美国宇航员布鲁斯·麦坎德利斯和罗伯特·斯图尔特滑离"挑战者号"进入茫茫太空后，便是靠了这个惯性速度，成为继续绕地球运动的"人体地球卫星"。而这个速度听起来似乎很吓人，其实，地球作为绕太阳运转的一颗行星,时速高达108 000千米,几乎为这两名宇航员绕地球旋转速度的4倍!地球上的人们都身处如此高速度,但却毫无感觉,难怪宇航员以时速二三万千米在太空轨道上"行走",也能若无其事,"胜似闲庭信步"了。

宇宙空间既无氧又无水,气压几近于零,还游荡着无数运动速度极快的流星。宇航员若"行走"太空,必须穿戴具有特殊防护性能的"航天服"。目前最新型的航天服是由尼龙、涤纶、特氟隆等9层绝缘材料聚合制成。它既能抵御宇宙射线又能防止小流星袭击。服装小巧、灵便,具有供氧、供水、隔热、保暖、存尿、通信联络、电视摄影、照明等多种功能。为了保证宇航员的安全,还设有灵巧的电子报警系统,更有意思的是还备有供宇航员充饥的可口点心呢!整套航天服密封性能极好,总重113千克。不过,进入太空轨道,处于失重状态之中,穿戴起来也就十分轻松自如。何况这种航天服的四肢、腰部等处均装有轴承关节,十分活络。这套服装价值215万美元。

宇航员穿上这套"奇装异服"便可在太空中"亮相",但若离开航天飞机"行走"在茫茫太空,再要安全返回机内,真的用脚走是走不起来的,尚需带上一套动力装置才行。布鲁斯·麦坎德利斯和罗伯特·斯图尔特就是穿上航天服之后又再配上背包式的喷气推进器,这才滑离航天飞机而进入太空漂浮的。

背包式喷气推进器的外形像一把有扶手和踏板的座椅,可以操纵它进退、上下、左右、滚动、俯仰以及偏航。主要由铅制成的这种载人机动装置每件有两套压缩气箱和电池组作为动力的氮气射流。每套有12个氮气射流,每个有0.7千克推力。如果第一组发生故障,则可使用第二组。倘若发生意外,还可由另一宇航员运去一个新的这种装置。

最先滑离航天飞机的是宇航员麦坎德利斯,他在离机45米处欣赏着从未见到过的地球奇景,然后利用推进器返回机内稍事休息,接着又兴致勃勃地作另一项更远的行走。随后斯图尔特也作了太空行走表演。两名宇航员在太空漫步都持续了一个多小时,不仅试验了一些设备,还修理了发生故障的电视摄像机。

对轨道上出现故障的卫星进行维修,是航天飞机所担负的一项重要任务。这次太空行走试验可谓一个良好的开端。在宇航员的胸前装有"飞行抓钩"。修理工作一开始,航天飞机通过机动变轨飞行接近了卫星,在与卫星保持约92米远的距离时,由宇航员飞到卫星附近,用胸前的"飞行抓钩"抓住卫星,实现与卫星的对接,并使每秒旋转0.8—0.9度的卫星稳定下来,然后,通知航天飞机机动到可以捕获卫星的范围,用机械臂将卫星抓住。被抓获的卫星可以在航天飞机上修理,有些简单的修理工作,宇航员在舱外就可以直接进行;如果修理难度大的,也可以带回地面,修理好了以后再由航天飞机把它重新送入轨道。

今后,轨道维修工作将成为航天飞机每次飞行中都可能遇到的任务。通过轨道维修,将使那些过早夭折的卫星"起死回生",而正常工作的卫星将因为得到及时保养而"益寿延年"。

太空行走的成功,还为建造永久性的太空轨道站铺平了道路。今天,宇航员可以在太空自由活动,把航天飞机运上太空的部件组建成加工厂,利用太空中的失重条件进行材料加工和制造医药。这标志着人类开发宇宙进入了一个崭新的阶段。太空行走还可用于捕获间谍卫星、建立太空激光站和其他军事轨道工程。有人说这是"把太空进一步军事化的行动"，因而引起了各国军方的密切关注。

实现第一个在舱外太空作业的女宇航员是苏联的斯韦特兰娜·萨维次卡娅。她于1987年7月25日走出正在太空运行的苏联"礼炮7号"太空站的舱外，在离地球高达300千米的太空中借助万能手工工具在舱外先后进行了3小时35分的金属切割、焊接和喷涂。

摘天上的星星，曾是多少童话中的幻想。但是，在科学技术高度发展的今天却成了活生生的事实。

1984年11月12日和14日，美国航天飞机"发现号"，真的从地球轨道上"摘下"两颗"星星"——人造地球通信卫星，并把它们运回地面。这两颗"星星"，一颗是印尼的"帕拉帕B-2"，另一颗是美国西方航空公司的"西联-6"通信卫星。这两颗卫星从航天飞机上发射后，由于自身的定位火箭提前灭火，因而没有进入预定的轨道。

九重天外摘"星星"的过程分两个阶段进行：首先是"追赶"，然后是"捕捉"和"搬运"。这两颗卫星由于火箭发动机失灵，进入了一条"无用"的椭圆形轨道。而航天飞机的圆形运行轨道一般离地面300千米左右。为了"捕捉"卫星，从1984年5月到10月，美国地面站的工程师们利用遥控讯号，把卫星的椭圆形轨道变成了圆形轨道，并且把它们的运行轨道的高度降低到接近航天飞机的运行轨道。"发现号"11月8日发射进入的运行轨道，比卫星的轨道低约48千米，比卫星落后约10 000千米。"发现号"用了4天时间"追赶"上了这两颗卫星，把航天飞机和卫星之间的距离缩短到不足11米。这时,宇航员穿上"航天喷气包",手持6米长的杈杆"漂"上前去,把杈杆插入卫星尾部的火箭"喷气管",杈杆前部像雨伞一样,自动张开固定在卫星尾部。然后航天飞机上的机械手臂伸出去,由另一个宇航员将卫星顶部的天线夹住,接着把揪住头尾的卫星拖进货舱指定的位置,拿下杈杆,截去天线,用一个A型框架盖上锁住。这次摘的第一颗"星星"是印尼的"帕拉帕",最先出马的那位宇航员叫艾伦。由于准备用来夹住卫星圆形天线的框架窄了0.5厘米,而不能使机械手臂发挥作用,结果艾伦像抱着一个哭闹踢打的孩子对付卫星,与另一个守候在货舱里的宇航员加德纳一起费了九牛二虎之力,才把卫星拖进并且锁定在货舱里。整个"捕捉"和"搬运"过程花了6小时又10分,比原定时间延长了10分钟。

11月14日,摘第二颗"星星"的任务先由加德纳出征。这次接受了前一次的教训,艾伦骑在机械手臂的顶端工作台上,抓住顶端不放,按照同伴的吩咐翻动它的位置。加德纳将卫星尾部锁住,女宇航员还是像头一次一样在舱内操纵机械手臂,这样把第二颗失控卫星终于连拖带拽地拉过来并固定在货舱里。

这次航天飞机"摘星星"的成功,被认为是"航天史上最雄心勃勃和最重要的活动之一"。从经济上算,收回的卫星经修理后可再度出售,在商业竞争上看,可以驱除因航天飞机发射卫星连连失败而产生的"沮丧情绪",增强信心和竞争力;从航天发展上看,这次行动表明,可以利用航天机队在地球轨道上拼筑永久性太空站;从军事应用上看,既然可以在轨道上抓回自己的卫星,难道不能在太空捕捉或破坏敌方的通信卫星吗?

血的教训

1986年1月28日11时38分,美国佛罗里达州卡纳维拉尔角肯尼迪航天中心,气温降至0℃,发射架和航天飞机上挂满了冰柱。

在隆冬的阳光照耀下,"挑战者号"航天飞机熠熠生辉,即将开始它的第10次飞行。美国历史上的第一位女宇航员萨利·赖德、第一位黑人宇航员布卢德、第一位美籍华裔科学家王赣骏博士,都曾经乘坐"挑战者号"遨游过宇宙。这次,它将满载着全体美国儿童的希望,把康科德中学的女教师克里斯塔·麦考利夫和其他6名宇航员送上太空。

各界人士聚集在肯尼迪航天中心,观看"挑战者号"起飞的壮观场面。人们的热情驱走了寒冷。"挑战者号"宛如一条喷火的飞龙,腾空而起直插云霄。顿时,看台上一片欢腾,康科德中学的礼堂里鼓乐齐鸣。坐在荧光屏前的孩子们兴奋地挥洒彩色纸片,衷心祝愿自己敬爱的老师一路平安。

突然,"挑战者号"右侧火箭助推器冒出一股火苗,火舌窜出,越烧越大,迅速吞没了巨大的外部燃料箱。刹那间,"挑战者号"变成一个橘红色火球,随即分出许多小叉,拖着火焰和白烟四下飞散。固体燃料助推火箭脱离火球,因失去控制呈"V"字形向前上方飞去。天空中飘落的无数碎片与浓烟搅在一起,犹如长着两只脑袋的巨龙图案。"挑战者号"航天飞机升空只有74秒,便在爆炸声中化为灰烬。

据调查结果表明,当"挑战者号"起飞后,外挂燃料储存箱里的超冷火箭燃料渗漏到助推器连接处时,结了冰的密封胶垫未能封住火箭侧面冒出来的火焰,从而导致爆炸。爆炸使7名宇航员丧生,价值12亿美元的航天飞机被毁。生产橡胶密封垫的大约200名工人因此而被解雇,所有发射航天飞机的计划全部暂时停止,间接损失高达数十亿美元。由于世界各地的电视观众普遍收看了现场直播或是实况录像,航天飞机爆炸的惨状,长久地留在人们的记忆中,成为难以医治的精神创伤,这不能不说是对航天事业的严重打击。

密封胶垫所造成的悲剧并不只限于此。从当时的记录中发现,虽然产品质量存在一定缺陷,但莫顿聚硫橡胶公司的设计工程师曾因为气压过低,两次提出警告,认为胶垫遇冷弹力就要减弱,航天飞机不宜起飞。然而,助推器主任莫洛厄却感到飞行任务已定,不容改变,他硬要公司方面提出能够按时起飞的正式建议。在遭到技术人员拒绝后,公司行政管理人员却违背科学规律擅自作出安全保证,酿成了震惊世界的悲惨事件。

血的事实告诉人们,产品质量千万不能忽视,行政命令手段万万不可代替实事求是的科学态度!

航天飞机与轨道站在太空握手

美国"发现号"航天飞机在轨道上飞行8天后，于当地时间1995年2月11日早晨6时50分在佛罗里达州肯尼迪航天中心安全着陆。至此，由5名美国宇航员和1名俄罗斯宇航员组成的乘员组，按计划成功地完成了航天飞机与"和平号"轨道站具有历史意义的太空相会的任务。

这次相会可谓是好事多磨。航天飞机刚进入轨道不久就出现了姿控发动机泄漏燃料的问题。俄罗斯担心这可能会污染"和平号"轨道站上的太阳能电池板以及与轨道站相接的"联盟号"太空舱的光学传感器，所以要求取消这项计划。两国航天局经过通宵达旦的谈判，于最后时刻终于达成如期会合的协定。

"和平号"轨道站是1986年发射入轨的，重100吨的T型轨道站设计寿命为7年，如今已经超龄服役两年了。在2月6日航天飞机与轨道站会合之际，轨道站上3名宇航员中，两名在太空中停留到第125天，一名创下第394天的太空停留新纪录。

符拉基米尔·蒂托夫是第二位搭载美国航天飞机的俄罗斯

宇航员。上次太空停留时间366天的纪录就是他于20世纪80年代末创下的。他此次负责相会期间的通信联络和导航工作。

蒂托夫在航天飞机上第一眼看见轨道站时两者相距340千米之遥。航天飞机从下方向轨道站靠拢，并在从相距800米时开始改为手动，至格林尼治时间6日19时20分，36米长的航天飞机与轨道站的距离缩小到了11.3米，这是此次会合的最高潮。此时航天飞机和轨道站距地球太平洋上空392千米，对地速度为每小时28 000千米。随后的十几分钟时间里，航天飞机与轨道站的距离保持在11.3—13.4米之间，这是太空中9名宇航员最激动人心的时刻。不过此时最得意的还是"发现号"航天飞机上的机长詹姆斯·韦瑟比，当他透过驾驶舱玻璃看见轨道站上的宇航员在向他招手时，激动地说："这是太空芭蕾。"但是并不是所有宇航员都有机会向轨道站上的同行招手致意，因为总得有人要全神贯注地严密监控航天飞机的运行情况，以防乐极生悲，发生"太空之吻"的惨剧。

在前后3个小时的相会时间里，航天飞机对轨道站进行了拍照，以供研究轨道站外部的情况。这是美俄航天器第二次空间会合，1975年，美国"阿波罗号"飞船曾与苏联"联盟号"飞船实现对接。但是，此次因为航天飞机和轨道站都比20年前大得多，形状也较以前复杂得多，所以对各自姿态控制的要求也就更高了。

太空相会是航天飞机机组人员此次要完成的一项最重要的任务。此外，航天飞机机组人员还成功地释放和回收了一颗空间物理探测卫星和进行太空行走。就在两国航天器太空相会的第二天，符拉基米尔·蒂托夫借助航天飞机上15米长的机械臂将"斯巴达"科学探测卫星送入轨道。这颗近1 360千克重的卫星此次是第四次进入太空,它只携带有一个远紫外线成像光谱仪,目的是通过探测星际气体和尘云的紫外线辐射来确定组成结构、温度、密度和其他物理性质。在距航天飞机80千米远的地方自由漂流了两天后,蒂托夫又将它抓回航天飞机的载荷舱中。

蒂托夫回收完卫星后,又用机械臂将伯纳德·哈里斯和麦克尔·福勒在航天飞机载荷舱上面高高吊起。两位宇航员都是第一次进入开放空间中,其中哈里斯还是美国航天局95位宇航员中的两位黑人之一,也是第一位在太空行走的黑人。

航天飞机在飞过地球暗面时,机腹朝向地球,以免地球大气层辐射的热会产生缓解"冷冻"效果;而在航天飞机掠过地球阳面时,又将机腹朝向太阳,使载荷舱开口处于背阳面。两位进行太空行走的宇航员所处的周围环境温差在−75℃到−85℃之间。美国航天局设计这项试验的目的,是检验110千克重的太空服的保暖性能(包括绝热性能更高的手套的保暖性能)和在太空零重力条件下操纵大体积部件的灵活性。

按计划,哈里斯和福勒在开放空间中要做两项工作。首先,他们要用20分钟时间一动不动地悬在那里,领受高处不胜寒的感觉,他们尽管已经感到手脚发凉了,但还是挺了过来。第二项工作是用形似汽车方向盘一样的抓杆试着任意摆布1.5米高的"斯巴达号"卫星。可是刚按计划进行了一半,福勒就先报告说手快要冻僵了,结果地面指挥中心决定提前半个小时结束这次试验。地面工程师分析说,可能是卫星上的金属手柄和宇航员脚部的金属使他们感到手脚太冷。这次太空行走得出的结论:太空服的保暖性能有待改进,在太空中摆弄大体积的部件时不能操之过急。

枯燥的轨道站生活

俄罗斯宇航员亚历山大·维克托连科、叶连娜·孔达科娃和瓦连里·波利亚科夫完成了在俄罗斯"和平号"轨道站上的长期飞行后，于1995年3月22日7时零4分乘坐"联盟TM—20号"降落装置顺利返回地面。宇航员自我感觉良好。

波利亚科夫在宇宙中度过了439个昼夜，创造了在宇宙航行轨道站上停留时间最长的世界纪录。他是1994年1月同阿法纳西耶夫和乌萨乔夫一起出发到"和平号"轨道站的。这是52岁的波利亚科夫的第二次宇宙飞行。

波利亚科夫曾于1988年8月29日至1989年4月27日，作为宇航员、研究员和医生在轨道站上飞行过241个日日夜夜。波利亚科夫是医学、生物学研究所副所长，还是飞行控制中心负责医疗问题的领导人之一，他的夫人和女儿都是医生。孔达科娃是世界上在宇宙中停留将近半年的唯一的女宇航员。维克托连科也已参加了四次宇宙飞行。

亚历山大·维克托连科、叶连娜·孔达科娃和瓦连里·波利亚科夫在"和平号"轨道站上的生活十分紧张。负责宇航员心理保障的地面领导小组组长科泽连科说,研究工作每天占5—6小时,这正是宇航员最有力的心理支柱。波利亚科夫对研究工作着了迷,连返回地面前几天,他想的不是回家,而是提出了有关输血方法的新的试验方案。也许,波利亚科夫全心全意地投入工作,是为了让自己不注意轨道站上生活的寂寞和活动场地的狭窄。

宇宙中常常出现意想不到的事情,空间站控制系统就曾数次发生故障。凡是遇到这种情况,宇航员就要为恢复站上的生命保障系统付出巨大的劳动,往往要花去一两天时间。

现在让我们来看一看轨道站上的生活。轨道站以大大高于子弹的飞行速度按自己的轨道运行。轨道站的"房客"忙碌了一天,用过晚餐后各自漂游到卧室。三间单人卧室都不大,每间只有4平方米,2米来高。孔达科娃和维克托连科的卧室在主舱,而波利亚科夫的则在货运飞船内。床的四周全是仪器。他灵巧地钻进睡袋,从里面拉上拉锁,很快就进入了梦乡。从地面看,他们是站着睡的,而在失重状态下,什么姿势的感觉都一样。

早晨起床后,谁到厨房最早,谁就准备早餐,这里是没有男女分工的。例如孔达科娃干的随机工程师这个职位,其实纯粹是男性的工作,可是她却干得头头是道。三人的饭菜也不一样。波利亚科夫爱吃带黑浆果的奶渣,午间用红菜汤加上调味酱的肉块。不过,三人都爱吃裹着核桃肉的干果条。

对于孔达科娃来说,宇宙飞行还可以使她免干家务活。这里的用品都是一次性的，无需洗涤。

每当货船来到时，对于宇航员来说，犹如过节一般高兴，因为它总会带来他们盼望已久的家信。

茫茫太空中进行宇宙航行的宇航员，要不要进行体育锻炼呢？在进行宇宙航行的初期，每次宇宙航行的时间只有几天，宇航员着陆后并没有发现有什么异常情况。然而，随着宇航时间的不断增长，问题也就随之出现了。

当宇航员在太空中航行一个星期后返回地球的时候，宇航员出现了"起立性低血压症"，而且身体都比较虚弱。但过了几天后，就恢复了正常。当时，科学家们还不知道这是什么原因引起的。后来，宇航时间逐渐增加到两个星期，当宇航员回到地球以后，发现宇航员的身体明显变得十分虚弱，甚至连飞船的舱口也出不了，需要其他人扶着出舱。这一问题引起了科学家们的重视。他们进行仔细检查和研究，终于发现造成上述现象的主要原因，是由于宇航员长期停留在太空失重的环境中，身体发生脱钙现象，骨骼变得疏松，肌肉也软弱无力。

那么，怎样才能克服这种现象呢？科学家们找到了解决问题的办法。那就是在宇航员的食物中，增加钙、磷、钾和维生素D，并在太空中进行必要的体育锻炼。

但是，宇宙航行的环境与地面大不相同，不仅飞船的舱内空间很有限，载重量也不可能过大，一些体育锻炼的设施无法装置。同时，人体在太空中失重而漂浮在空间，双脚都很难落在舱底。在这种情况下，又怎么能进行体育锻炼呢？

体育科学家们经过反复研究和实践，已经找到了在太空中进行身体锻炼的项目及方法。比如让宇航员坐在椅子上，将身体固定好以后，用手和脚反复推、拉一种特制的弹簧器材；也可以用双手、双脚或一手、一足分别拉弹簧器材的两头；还可以用具有较好弹性的橡皮带将四肢固定后，两臂分别或同时向下、向左、向右拉橡皮带；或者用双脚、单脚往上拉橡皮带等。这些方法可以锻炼宇航员的四肢骨骼和肌肉的力量。同时，医学家们还为宇航员设计了一种具有弹性的服装。宇航员穿上这种特制的服装后，全身都可以受到弹力的作用，达到锻炼身体的效果。

利用人体肌肉的颉颃作用来进行身体锻炼。如用双手五指交叉，进行对拉、对推或者互拉；还可以双手拉脚而脚用力往前伸等。有人还为宇航员们编了一套由这些动作组成的体操。这种不需任何器材和不受空间限制的锻炼方法，也同样起到锻炼四肢和身体的作用。

利用双手推、拉或者打击悬挂在舱内的重物，也可以达到锻炼身体的目的。

由于宇航员在太空中采取并坚持以上几种锻炼身体的运动项目和方法，从而使他们的体质和骨骼及肌肉的力量不断增强。即使在太空中航行二三百天，甚至更长的时间，身体也不会变得虚弱，返回地球后再不会出现"起立性低血压症"和其他症状了。

令人神往的月亮村

倘若人们有意远离城市喧嚣的困扰，到一个世外桃源，那就请抬头望明月。为什么不到嫦娥居住的星球上去生活呢？现在，这不是科学幻想或神话传说了，而是即将实现的目标。美国休斯敦约翰逊航天中心领导人温德尔·门德尔已正式向白宫提交了在月球上殖民的计划。他声称，第一批月球新村将在21世纪初在月球上出现。

在巴西的圣卡塔林岛，美国科学家正夜以继日地营造"生物圈一1"体系，为将来在月球上建立永久性的人类新村进行一系列的试验。未来的"月亮人"将与外界断绝关系，进入这座人造综合工程，在模拟的太空城中生活两年。

在月球上的殖民计划将分阶段实施。

第一阶段的任务是让发射出去的人造月球卫星在围绕着月球的轨道上旋转，其任务是标定在月球上殖民的最佳地区。这块殖民地应是令人惬意的小角落，具有丰富的可开采的矿物资源，而且地面又必须结实可靠。届时,将派勘测队在实地勘测,以制定未来的月亮村施工计划。

紧接着进入第二阶段,也就是兴建施工阶段。这一阶段地球开始向月球殖民并运去基建机械,如掘土机、推土机、起重机等。地球外的第一个人类新村将建筑在一公顷范围的岩石上,地基用微波技术加以硬化处理。在这片月球表面上,首先安装"集装箱"巨型管道(直径6米,长18米),它们彼此连接成等边六角形。首批"月亮人"在"集装箱"内栖身。然后又把一个个六角形彼此连接起来,就像蜜蜂营造蜂房一样形成建筑群,里面可以容纳上百人生活。第一个月亮村将用21根"集装箱"管道连成3个六角形。在每个六角形中间,用高压充气的办法鼓吹起18米高的巨大圆包。第一个圆包作为生产食物的农场;第二个圆包作为月球表面研究实验室;第三个圆包则是"月亮人"的公寓。

那么,人们将怎样在月球上生活呢?这跟在太阳能基地生活有点类似,但要更为深居简出。因为月亮没有大气层,各种对人体器官有害的宇宙射线得不到过滤减弱。而且,这个地球的天然卫星会遭到规模不等的陨石雨的轰击。唯一的办法是用月球上的沙土装成沙袋,在漂亮的月亮村上面堆一层缓冲层,外形酷似印加金字塔。

自然,这个小小的世外桃源,会让人想起鼹鼠掘洞时在洞口形成的小土丘。令人庆幸的是,人在月球上生活也有其优越的条件:由于月球的引力比地球的引力小得多,月面上又没有大气包围着,人们就可以用极少的能源来完成许多任务。月亮城比空间轨道站的最大优越性在于,人们可以在月亮上稳当地直立,人在那儿生活，人的骨头也不会丢失钙，不会有恶心的反应。而且太阳能是充沛的，很容易收集。这些能源足可以满足未来月亮居民的需求。这是欧洲宇航局未来计划部领导人雅克·科莱说的。

从1969—1972年，阿波罗登月行动包括有对月球表面进行地质考察，考察结果表明，月球有丰富的矿产资源，月表岩层含有40%的氧，20%的铝，20%的硅，此外还有铁、钛等金属资源。

氧气可以通过化学方法从地下提取，然后配制成可供人呼吸的人造空气。氢可以从碳氢化合物中提取。氧气与氢气化合就能生成水，有了水，空气和阳光，植物就可以生长……

雅克·科莱说："这里将成为地球的先进基地。我们可以用很少的能源建造或组织在地球上难以实现的巨型火箭。我们可在月球表面上建造天文望远镜，特别是射电天文望远镜，它们的工作将不受地球各种电子干扰。"

这项计划是征服太阳系和探测宇宙奥秘的奠基石。当然，在地球外建设一个小村需要投资800亿美元。价格虽然昂贵，但仍然是可以承受的。要知道，光阿波罗计划一项就花费了730亿美元。

并非海市蜃楼

自古以来，文学家和诗人的笔下都不乏关于天上的描绘。孙悟空大闹天宫的情节家喻户晓、老少皆知。我国宋代的大诗人苏轼也曾经写过："不知天上宫阙，今夕是何年？我欲乘风归去，又恐琼楼玉宇，高处不胜寒。"

大约在60多年前，一个叫诺尔顿的德国人，设想在高空安放一个直径30米的大车轮，轮子里面供人居住，它还附有一个机器站和一个观察站。不久以后，英国人克利维尔把这个计划完善起来。他说，最好派出许多艘火箭飞船，飞到遥远的空间，然后把飞船截头去尾，切出斜接口，最后拼接成一个巨大的车轮。车轮在空中飞行的同时，还缓慢地转动，这样可以造成和地球上相同的引力。这就是最早提出的轮状空间城设想。

当时，人造卫星和飞船还没有诞生，但是在设计者丰富的想象中，已经出现了身穿宇航服的空间建筑工人，如何把他们的火箭飞船改造成空间城的场面。飞船往来穿梭，装运物品，一片紧张繁忙的景象。

到了20世纪70年代，继人造卫星和宇宙飞船发射成功之后，陆续有不少的"空间站"被送往空间。它们有的叫"轨道站"，有的叫"天空实验室"，重量和体积都比飞船大得多。这些几十吨重的建筑在发射时并不载人，随后才由飞船给它们运去仪器和人员。宇航员把飞船驶往空间站，对接在一起，然后进入空间站进行各种有趣的实验。例如，进行天文地理观测；在失重的条件下炼钢、焊接；养殖各种生物等。宇航员可以在空间连续生活一百多天。

空间站有时同时接待两艘飞船，结成一个长长的"空间列车"。然而空间站的规模毕竟有限，最多只能容纳4个人同时工作，即使将来空间站多设一些对接口，像一朵梅花似地连接更多的飞船，也还是很难成为名副其实的空间城。为什么不能建造更大的空间站呢？

原来，空间站是地面装配好后，用巨型多级火箭送到空间的。而火箭比空间站重100多倍，本身有好几千吨重，立在地面上就有几十层楼高，再想增大空间站就很困难了。另外，火箭每使用一次后就白白地被扔掉，坠入大气层中烧毁，不能像飞机那样多次重复使用。所以，要想在空间建成大型建筑物，必须有可以多次使用的运输工具，把材料运送到空间，再派出一支空间建筑队去安装。为了完成这项任务，航天飞机和空间建筑队便应运而生。

看来，科学家们经过许多年的研究，又回到克利维尔最早提出的方案上来了。首先，人们制成了空间运输和装配用的航天飞机。航天飞机是飞机和火箭的"混血儿"，外形像一架三角翼飞机，肚子下面带有装燃料的外贮箱和两枚火箭。在起飞时，两枚固体燃料火箭和它本身的发动机一起工作，垂直上升；中途，固体燃料火箭被抛掉，用降落伞回收。航天飞机到达空间轨道后，把带去的建筑材料卸出舱外，进行装配。几天后，航天飞机返回大气层，万里滑翔，飞返机场，像飞机一样着陆。

我们看看空间建筑师是怎样工作的：航天飞机飞往预定位置，然后舱门开启；与此同时，一个具有三只弯折手和两只伸缩手的机器人被推出舱外，它按照事先编排好的程度有条不紊地安装，绝不会显得手忙脚乱；假如临时出现什么问题，坐在航天飞机里的建筑师还可以遥控指挥机器人。

也许细心的读者会问，那些高大的框架是怎么运送到空间去的呢？原来，航天飞机的机舱就是一个小工厂。航天飞机只携带成卷的铝材，这样可以节约运输空间。航天飞机中有一部成型机，把三卷铝合金带同时轧成L剖面的型材，一面向外伸，一面加上横支撑在原地焊接成三角形骨架。每10米长算一段，然后再由机器人装配成整体框架。这样越拼越大，就可以建成任意形状的建筑物了。

科学家早就说过，能赛过最精密机器的始终是人。尽管有机器人，但将来还得派送熟练的建筑工人到空间去施工。请看空间建筑工人正在进行的紧张而又有趣的试验吧。因为飞机机舱内也能造成短时的失重，所以一部分建筑工人要在飞机和飞船内训练。但是更逼真和更省钱的是进行模拟试验。由于在水下有许多地方和空间非常相似，于是人们修建起巨大的圆形水池，直径25米，深度13米，穿着宇航服的宇航员在潜水员的配合下，练习安装框架、使用成型机、抢修损坏的飞船等本领。

为了造成和空间相同的失重状态，每名建筑工人的宇航服上加了40千克铅的配重，分别缚在胸部、背部和脚踝处。经过一段时间训练，他们很快适应工作要求，可以轻易地举起地球上9吨重的部件，使它移动、停止，然后安装。这些结构件上都带有锁闩机构，安装起来很简便。

人类有史以来最宏伟、最艰巨的一项工程将出现在空间。这就是"空间万人城"计划。1975年，许多教授和专家开了一次会议，花了10个星期的时间，讨论了人类如何在空间定居的问题。他们根据现有的空间科学成就和研究课题，详细地设计了空间城的每一个组成部分。

这座拥有10 000居民的轮状空间城，将坐落在距地球和月球30多万千米的地方。所需的建筑材料约50万吨，其中大部分来自月球。因为月球的引力只有地球的1/6，运送材料比较经济。

空间城包括工厂、太阳能电站、大型农场和公共卫生设施等。它像月亮一样，围绕着地球运行。空间城将是一个兴旺发达的空间人类社会，它能生产远比地球上10 000人所能生产多得多的工农业产品，除满足本地的需要之外，还可以支持其他空间建筑工地。

轮状空间城的外形像一个大轮胎，巨轮的直径是1 800米，"轮胎"本身高130米。轮的内缘是透明的，城市顶上有一面巨大的反射镜，使阳光可透过拱形的玻璃屋顶射入城内。整个巨轮被合理分配为6个扇形区——三个农业区和三个生活区。

走入空间城，一座座别墅式的建筑物虽然低矮一些，但也有4—5层，都是台阶式的，拾级而上，到处鲜花盛开。全城统一调节气候,家家温度适宜。

　　水晶宫一样的巨轮,在空中缓慢地转动,大约每分钟转一圈,它产生的离心力足以抵消失重的影响,所以巨轮内的环境和地球完全相同。巨轮中心是一个直径120米的球形中枢大厅,像车轮的辐条一样,伸出六根直径15米的粗导管,这就是空间城内的交通要道。从一个区域走向另一个区域,都要穿过中枢大厅。

　　巨轮的上侧是空间城的北边,习惯上叫做北极。发电量为200万千瓦的太阳能电站放在一圈反射镜的中心。巨轮拖着一条长长的尾巴,叫做空间城的南极,像糖葫芦一样串着许多工厂。工厂区不旋转,利用失重的条件生产各种特殊性能的工业产品。

　　除了轮状空间城的设计外,还有遥遥相望的筒状姐妹城,肚子大两头小的球城,花瓣重叠、花蕊住人的花城等。空间城的设计,尽可能尊重地球移民的风俗习惯,除了内部布置花园、人工湖等风光外,还能调节出春夏秋冬四季气候和昼夜循环。

　　设想中最大的空间城准备接待地球上2 000万移民。真称得上"空间国"了。它同时将容纳地球上搬迁去的大批化工厂和钢铁厂。这样,地球上污染环境的工厂越来越少,花园、草地、人工湖的面积一天一天扩大,地球的面貌将大大改观。

　　科学家们断言,未来的孩子,他们如果愿意的话,可以到现在已在设计中的空间城里去定居、学习和工作。他们可以乘坐超级飞机飞往宇宙。那时,这种超级飞机会像目前用于商业贸易的飞机那样多,那样方便。

　　宇宙空间无限广阔。人类大规模地向宇宙空间扩展的时代就要到来了!

人类举步迈向火星

1995年6月29日上午10时许，在距地面300多千米的宇宙空间，刚刚完成宇宙飞船成功对接的美国"阿特兰蒂斯号"航天飞机指令长胡特·吉布森的右手和俄罗斯"和平号"轨道空间站站长弗拉基米尔·德祖洛夫的右手紧紧地握在了一起。这是一个值得纪念的时刻。这是继1975年美国"阿波罗号"宇宙飞船和苏联"联盟号"宇宙飞船在空间成功对接之后，二十年来两个航天大国航天器再次对接。这标志着国际合作探索外层空间的新时代已经到来。

长期以来，出于各自的战略利益，美国和苏联在空间科学领域展开了激烈的竞争。1961年，苏联宇航员尤里·加加林乘坐航天器进入预定的轨道空间，开创了人类探测宇宙空间的新纪元；1969年，美国宇航员尼尔·奥尔登·阿姆斯特朗、埃德温·布茨·奥尔德林和迈克尔·柯林斯，驾驶"阿波罗11号"宇宙飞船成功地登上月球，圆了人们千年的梦想。此后，两国的空间技术竞争高潮迭起，互不相让。总的来说，两国在竞争中各有千秋：苏联及现在的俄罗斯在空间站方面领先，不断刷新并一直保持着宇航员在空间滞留时间最长的世界纪录；而美国则在航天飞机等可重复使用的载人航天器和空间医学研究等方面，更胜一筹。

由于空间技术是一个投资大而见效慢的高科技领域，因此，几十年下来，两国的财力都不堪这种漫无尽头的竞争。美俄两国用于空间开发的经费分别从鼎盛时期的400亿美元削减为目前的140亿美元和2亿美元，并继续在下降。"和平号"空间站在地球轨道上飞行了15年，这期间有12个国家135名宇航员在空间站上工作过，完成了16 500次科学试验，完成了23项国际科学考察计划，获得了大量科学数据和具有重大应用价值的科研成果。2001年3月23日，"和平号"空间站成功坠毁于南太平洋指定海域。给自己的一生画上圆满的句号。"和平号"空间站的光辉一生，是继"阿波罗"登月后人类探索太空的又一个里程碑。它使人类长期在太空居住的梦想成真。

冷战的结束，给处于困难中的两国航天科研创造了携手合作的契机。

这次美俄航天器的空中对接是两国空间技术合作的第一步。两国准备分步骤实施载人探测火星的宏伟目标。首先，利用俄罗斯"和平号"空间站作为基地进行必要的准备。从1997年开始建设一座永久性或半永久性的"阿尔法"国际空间站。

科学家认为，长期在空间站工作、生活的宇航员，因失重会产生诸如新陈代谢紊乱、骨质疏松、免疫力减退等一系列生理反应。早在加加林首次空间飞行之前，一些专家就曾断言，经历过零重力环境的宇航员将发生器官和感觉的大规模混乱,甚至死亡都会出现。事实证明,除了死亡没有接踵而至,上述其他预言是正确的。根据对至今所有300多位宇航员失重情况的研究,空间医学专家发现,他们的骨质和肌肉通常以每月10%的速率持续萎缩。大约70%的宇航员会患上空间运动症。这种病的症状为内耳平衡机制丧失,头昏眼花,四肢失去位置感,双手不听使唤等。科学家至今仍未找到治愈这种病症的有效方法。零重力环境成了人类进一步探索、开发宇宙空间必须首先克服的最大障碍。

由美俄牵头,16个国家参加建设的国际空间站,主结构长88米,首尾距离110米,体积为1 300立方米,相当于两个波音747飞机的内部空间,内部气压保持为一个标准大气压。它包括6个实验船、1个居住舱和3个结点舱等,总重量500吨。寿命在15年以上。美俄两国计划在未来的国际空间站上进行长达25年的合作研究,最终揭示零重力条件下的生命之谜。

毫无疑问,国际空间站将成为人类长距离空间旅行的平台,它将成为人类探测火星的"实习"基地。目前,俄罗斯已经掌握了把火箭发射到火星上去的尖端技术,但是,人类能不能搭乘火箭登临火星呢?未来几十年"阿尔法"国际空间站的科研工作将为我们解开这个谜。

天外觅知音

　　1977年8月20日,在美国的肯尼迪角发射的"旅行者1号"宇宙飞船,肩负勘测木星、土星及天王星的重任出发了。它在完成"三星"的探访大业之后,将辞别太阳系,飞向广漠无限的天外天去,作为"地球人"的天使,遨游太空的群星之中,去寻觅"地球人"的知音。

　　为了完成这项长期而艰巨的任务,科学家和音乐家特地在太空船侧装置了用以邀请天外客人的接头信号。这信号就是一张喷金的铜唱片。据说这张唱片过10亿年还能发出清晰而动听的声音。在这张唱片上共选录了27段世界名曲,有贝多芬的《欢乐颂》、《巴哈布兰登堡协奏曲》、《秘鲁妇女婚礼歌》等等。其中代表我国的一段音乐是古典的"流水"曲。这首乐曲是由哥伦比亚大学的周文中先生推荐的。周先生在推荐这首曲子时说:"这音乐描写的是人的意识与宇宙的交融,是首用古琴演奏的乐曲。中国古琴在耶稣降生前两千年即已有了。自孔子时代起,《流水》

一曲就是中国文化的组成部分。选送这首乐曲足以代表中国。"美国负责为宇宙飞船选曲的安·德鲁扬听了这首曲子后,即决定采用它,并说:"这27段乐曲中表决得最快的一首。"《流水》曲系从《高山流水》中分化而来,相传《高山流水》是春秋时著名音乐家俞伯牙所作。

中国古曲《流水》,在20世纪90年代初已随太空船奔向天外天,它代表中国的"俞伯牙"去寻觅太空的"钟子期"。这个愿望能否实现,就留作几千万年后的"伯牙"去验证吧。因为,宇宙飞船将在银河系里漫游数亿年,一去不复还,要待4万年它才能在离我们最近的恒星附近漂过一次。几千万年后,奔腾的《流水》声,可能邀来"俞伯牙"的知音———太空贵客"钟子期"。知音相会时,也一定会感谢为他们穿针引线的老祖宗吧!

全能飞机——空天飞机

航空航天飞机简称空天飞机。这是一种既能航空又能航天的飞行器。空天飞机的设计思想并不新鲜,早在20世纪30—40年代德国研制V—2火箭时就已出现过。20世纪50—60年代,美国还用X系列飞机做过大量飞行试验。只是由于技术、经济诸方面的原因,这种跨大气层飞机的设想一直未能实现。

近些年来,英国、美国、德国、日本纷纷提出了研制空天飞机的计划,原因不外有两个:一个是当前世界航天技术正处于高速发展的时期,近地轨道较大规模的开发利用已迫在眉睫,迫使航天大国寻求一种经济、有效的能在天地间往返的运输系统,以取代昂贵的航天飞机;另一个是在20世纪80年代以来,超音速燃烧冲压发动机技术、耐高温材料和超级计算机技术取得了重大突破,为空天飞机的研制提供了技术基础。

空天飞机有哪些优越的特点?航天飞机只能在发射台上垂直起飞,采用火箭发动机作推进系统,双级入轨,只能部分重复使用,只可担航天运载任务。空天飞机采用航空、火箭两种发动机作推进系统，可以水平起飞，可任意选用两级或单级入轨方式，可完全重复使用，既能作航天运载器，又能作航空飞机。

空天飞机的结构复杂，研制难度极大，其中最关键的是推进系统，主要分两大类：吸气式发动机和火箭发动机。吸气式发动机只带燃料，需要吸取大气中的氧作为氧化剂，只能在大气层内飞行。但由于不带氧化剂，每单位推力所消耗的推进剂量要比火箭发动机小得多。火箭发动机既带燃料，又带氧化剂，在大气层内外都能工作，所以迄今的所有航天运载器全部使用火箭发动机。

目前的吸气式发动机中，涡轮喷气发动机最大只能达到3—3.5倍音速，远远不能满足航天发射的要求，为此需要研制一种新式的吸气式发动机——"组合式超音速燃烧冲压喷气发动机"。这种发动机兼具涡轮喷气发动机和超音速燃烧冲压发动机的特点，理论上可在0.25倍音速之间工作。美国从上世纪50年代末就开始研究超音速燃烧冲压式发动机，但至今尚未成功。推进系统的另一个难点是吸气式和火箭发动机如何最佳地配合工作。

空天飞机的研制还需要攻克其他许多技术难关。例如，空天飞机的机身、机翼和发动机系统应进行一体化的气动设计，这就要求利用高马赫数的风洞试验设备和超级计算机进行试验和计算；空天飞机需要使用先进的耐高温材料，如高级钛合金材料、碳—碳复合材料和高级金属基复合材料。因此，国外不少专家认为，研制空天飞机是风险性最大的一项航空航天工程。

鉴于空天飞机研制风险大，耗资巨，各国对空天飞机都采取了积极而慎重的态度。空天飞机可望成为21世纪最先进、最经济有效的航天运载系统。

宇航员应具黑熊的素质

自1957年第一颗地球人造卫星进入轨道以来，人类已向宇宙空间发射了数以千计的通信、导航、气象观测、资源勘察、污染监视等多种卫星以及各种用途的军用卫星，同时，还发射了一系列的星际探测飞行器、载人宇宙飞船、"天空实验室"和航天飞机。随着空间技术的高速发展，尤其是载人宇宙飞船、"天空实验室"和航天飞机的出现，不能不要求宇航员在太空中作长时间的停留和生活。但是，要做到这一点，科学家还得绞尽脑汁，想出办法来才行。因为在超长时间的宇宙飞行中，宇航员的呼吸、营养、饮食、排泄和身体循环等各方面都会发生很大的困难。世界各国的科学家正在为这个难题而费尽心机，想要找出一个好的解决办法来。

美国南方达科他大学内科副教授、营养学部主任、研究北美黑熊的权威人士纳尔逊博士认为，黑熊的冬眠可能是解决这一宇航难题的一把钥匙。

黑熊的身体循环系统具有人类无法与之比拟的优越性，每当冬季来临,它就能打上3—5个月的瞌睡,既不饮食,也不排泄。冬眠一结束,熊就像睡觉醒来一样,精神瞬即恢复如初。要是宇航员也能有这样的本领,那么在宇宙空间作超长时间飞行的难题不是就能迎刃而解了吗。

乘坐宇宙飞船到月球作一次短期飞行,在密封船里辟出一间水和食物的贮藏室,那是不成问题的。如果要进行一次长达数月之久的宇宙飞行的话,那水和食物等必需品的贮藏和供应就将成为一个严重问题了。若将这种长期的飞行安排在冬季进行,密封舱里的室温通常又能保持在-5℃,空气湿度控制在一定的范围内,在这样的环境条件下,熊倒是很能适应作一次遨游太空的宇宙飞行的。

纳尔逊主张将熊的一些特殊的天赋应用到宇航员身上,目前所进行的对黑熊的研究是要弄清它身上的两个奥秘。

第一,黑熊是如何进入冬眠的?一旦掌握了这一奥秘,并成功地应用于实际,那么,宇航员在一段很长的时间里,完全不需要任何生活供应品,这样就可以大大减少食物、水和其他生活必需品的贮藏量。在超长时间的宇宙飞行中,由于宇航员醒着飞行的时间是十分短暂的,因此,由于长期飞行而出现的许多难题也就不复存在了。那么,黑熊究竟是怎样进入冬眠的呢?纳尔逊认为,这是由于秋天熊体内的一种特殊激素所触发的。当这种激素发生作用时,黑熊就会为自己安排一顿丰盛的"最后的晚餐"。

到了秋天,熊每天要花20个小时觅食才能填饱肚子,原来只要2千焦耳左右热量就能维持生命了,这时却必须获得5千焦耳左右热量,因此它就变得什么东西都爱吃,成了一个贪吃的饕餮者。冬季，熊又成为最能挨饿的禁食者。在漫长的冬眠过程中，黑熊每昼夜要消耗1千焦耳左右的热量，全都依靠它体内逐步合成的超高级蛋白质来支撑营养的需要。

未来的宇航员在进入"冬眠"前，并不要像黑熊那样拼命地往肚子里塞东西，要是这样的话，那宇航员在起飞时就会超重约18千克。因此，人类在宇宙空间作长期飞行，必须为宇航员作系统的各种生活安排，例如供给量小质高含热量大的超高级蛋白质，以达到仅产生极少量的尿素，同时要使宇航员极少饮水，以尽量减少排尿量。

第二，黑熊在冬眠中是如何通过身体循环系统来排泄体内废物的？又是如何变有害物质因素为无害物质因素的？熊在冬眠期间，体温仅2.2℃，但其代谢过程仍完全正常，就如同人在饥饿时体内所进行的代谢过程一样。但它并不像人那样，禁食以后，就会迅速变得乏力、消瘦，直至精力消耗殆尽而危及生命。

人和一般动物在把蛋白质分解以后，就把尿素排泄掉。如果肾功能失调，产生了严重的障碍，体内尿素就能致人和动物于死命。试验表明，处于冬眠状态下的黑熊仅产生极为少量的几滴尿，而这几滴尿又能重新被吸收返回到血液中去。熊从秋天积聚起来的脂肪中进行物质分解时，所分泌出来的水分恰好跟肌体蒸发所需要的水分相等。熊在冬眠时，蛋白质内部循环的强度要比正常情况下高4倍，但是，蛋白质的分解物却极少。延缓蛋白质的分解，就能进一步减少尿素的产生，使肌体免遭这种有毒物质的损害。因此，这就不会使尿素形成致命的因素，而人类则会因脱水和尿素形成的有害因素在两周内造成死亡。怎样才能模拟出黑熊的具有特殊功能的循环系统来，这是探索其奥秘的意图之所在。

此外，如何使未来的处于"冬眠"的宇航员，在紧急情况下，一旦从睡梦中唤醒过来，就能立刻恢复常态投入工作，这也是一个必须很好解决的关键性问题。而黑熊在冬眠时，是非常容易惊醒的。它一醒来，就可以迅即处于能动状态，能对周围事物的动静迅速作出反应。即便你十分轻巧，非常小心地从冬眠的黑熊身边走过，就算未遭伤害，你也应感到侥幸，因为熊太容易惊醒了。它是属于浅冬眠动物，与深冬眠动物是不同的。

黑熊在冬眠结束时，睁开了它那惺忪而黝黑的双眼，浓密的茸毛显得略为稀疏了一些，体重也较秋天时轻了1/4，但它依然是欢蹦乱跳的，还可以支持到两周以后再恢复正常进食而不感到很饿。最令人惊异、赞叹的是，母熊竟能在冬眠期间产仔，它是靠体内超高效率的营养传输系统为自己和熊仔提供养料和乳汁的。

未来的"冬眠"宇航员应该像冬眠的黑熊一样容易惊醒和特别机灵，能在苏醒后迅即恢复活动的能力，这就是美国科学家纳尔逊和他的助手们潜心研究并期望达到的完善目的。除此之外，纳尔逊还期望通过这一研究，能产生一些造福于人类的药物，对一些常见的疑难疾病，如慢性肾炎、肥胖症、失眠症和营养不良等，具有特殊疗效。

美国科学家纳尔逊博士把这一研究描绘成一幅富有奇趣、神话般的图画——熊先生飞向其他星球！他说："假如俄罗斯人把熊训练得会打曲棍球，也许美国国家航空和航天局或其他机构，总有一天能教会黑熊去驾驶一艘宇宙飞船。"

"长征"火箭迈入世界先进行列

中国是火箭的故乡,今天她的现代火箭技术已经迈进了世界先进行列。1964年7月19日第一枚生物火箭在安徽广德发射成功,载有大白鼠、小白鼠各4只以及12支生物试管。1965年又发射了两枚同类火箭,发射高度都在60—70千米,所有生物都安全回收。这三次火箭发射生物试验都达到了国外同类试验的先进水平。1966年,我国又发射了生物火箭,把雄狗"小豹"和雌狗"珊珊"分别送上太空,之后两只太空狗安全返回,引起国内外强烈反响。一位美国宇航员预言道:"中国将成为第三个把人送进宇宙的国家。"1970年4月24日我国第一颗人造地球卫星("东方红一号")在酒泉发射入轨,我国成为世界上第五个发射卫星的国家。1975年11月26日首颗返回式卫星发射成功,3天后平安返回,我国成为世界上第三个掌握卫星返回技术的国家。1990年7月16日"长征二号"捆绑式大推力火箭首次在西昌发射成功,其低轨道运载能力达9.2吨,居世界第四位,为发射载人航天器打下基础。1999

年11月20日6时30分,中国酒泉卫星发射中心新建成的载人航天发射场,一枚新研制的"长征二号"F型运载火箭托着中国的"神舟一号"飞船腾空而起,21小时后在内蒙古中部回收场成功着陆,圆满完成了"处女之行"。

决定一种火箭技术的先进程度主要有三个系统:一是惯性前导平台;二是计算机系统;三是制导方法、方案。前两者是硬件设施,后者是软件体系。长征系列运载火箭的惯性制导平台,含有高精密度陀螺、高精密度姿态测量仪器、高精密度加速度测量仪器、高精密度伺服系统等,它的主要功能是使处于不断运行中的火箭获得一个相对平稳的测定基准。属于软件范畴的火箭制导方法、方案,更是火箭技术的核心要害所在。长征系列运载火箭的制导精度,可以达到理论轨道与实际轨道的运行时间之差仅在2秒之内,轨道偏心率小于2%,轨道平面倾角在0.1°以下。其中推进剂贮箱、高空启动的三级发动机和惯性小平台,还获得了国家科技进步特等奖。随着"神舟五号"载人飞船发射升空,"长征"运载火箭创造了自1996年以来连续29次成功发射的纪录。由我国独立研制的"长征"系列运载火箭已形成了4个系列12个型号的群体,是中国航天的主力运载工具。火箭近地轨道、地球同步转移轨道的运载能力分别达到12吨和5.2吨,可用于发射多种轨道的不同卫星,入轨精度达到了国际先进水平。

用于"神舟五号"飞船发射的"长征二号"F型火箭,首次采用了55项新技术,与过去的系列火箭相比,创下了10多个"第一次":第一次实现"三垂"(垂直总装,垂直测试和船、箭、塔组合体垂直运输)测试发射模式;第一次提出了可靠性指标要求,而以前都是事后评估；第一次提出了安全性要求；第一次设计故检和逃逸系统；第一次实现远距离测试发射（其中先进的光电技术、自动控制技术和弱信号的远距离传输技术均达到国际先进水平）；第一次设计了两套控制装置；第一次搞弯喷管逃逸固体发动机；遥测系统第一次参与控制；第一次实施可靠性工程化；第一次实现软件工程化……每个"第一次"都是一项新的技术，每一项新技术都是一次艰苦历程的见证。

神舟飞船

1993年,当时的载人航天工程办公室向参加研制的单位发出了为中国飞船征集名字的通知,许多人都踊跃地参加了起名活动。"腾龙"、"华夏"、"神州"、"神舟"、"九州"等很多带有中国特色的名称被推荐了出来。载人航天工程办公室考虑再三后认为,用"神舟"两个字最为贴切。因为"神舟"是神奇的天河之舟,又是中华"神州"的谐音,象征着飞船研制得到了全国人民的支持,是祖国四面八方、各行各业大协作的产物;同时,"神舟"又有神气、神采飞扬的意思,预示着整个中华民族都将为飞船的诞生而无比骄傲与自豪。于是,到1994年初,"神舟"这个使人感到亲切而自豪的名字,最终从众多的方案中脱颖而出。

神舟飞船由"三舱一段"组成,"三舱"是推进舱、返回舱和轨道舱;"一段"是指附加段。推进舱在飞船的最下部,返回舱在中间,轨道舱在上部,附加段在飞船的最顶端。

从1999年11月到2003年10月15日,我国一共发射了5艘神舟飞船。

"神舟一号"飞船于1999年11月20日6时30分在酒泉卫星发

射中心由新型长征运载火箭发射升空,飞船返回舱于第二天15时41分在内蒙古自治区中部地区成功着陆。作为我国航天史上的又一里程碑,"神舟一号"飞船的成功发射与回收,标志着我国载人航天技术获得了新的重大突破。"神舟一号"飞船没有载人,但在返回舱内,有供人类正常生活的环境。科研单位对有关数据进行检验得到的信息是与原定的预想完全吻合。

"神舟二号"飞船于2001年1月10日在酒泉卫星发射中心发射升空,飞船返回舱在轨道上飞行7天后成功返回地面。"神舟二号"飞船是我国第一艘无人飞船。换句话说,这艘飞船除了没有载人外,其结构、技术性能等与载人飞船基本一致。与"神舟一号"试验飞船相比,"神舟二号"飞船的系统结构有了新的扩展,技术性能有了新的提高,飞船技术状态与载人飞船基本一致。"神舟二号"首次在飞船上进行了微重力环境下的空间生命科学、空间材料、空间天文和物理等领域的实验,其中包括植物、动物、水生生物、微生物及离体细胞和细胞组织的空间环境效应实验等。

"神舟三号"飞船于2002年3月25日在酒泉卫星发射中心成功发射,绕地球飞行108圈后于4月1日16时51分在内蒙古中部地区成功着陆。飞船搭载了人体代谢模拟装置、拟人生理信号设备以及形体假人,能够定量模拟宇航员呼吸和血液循环系统中的心跳、血压、耗氧及产生热量等多种太空生活的重要生理活动参数。在飞船历时近7天的自主飞行中,还进行了材料科学、生命科学实验,以及光学遥感对地探测试验、地球环境探测和空间环境高层大气监测仪器的试验。其中,与我们关系最密切的是利用飞船的微重力环境进行生命科学方面的研究,因为这关系到我们将来的求医问药。飞船上还安装了逃逸系统,若火箭发射和升空阶段出现意外故障,可确保宇航员的生命安全。"神舟三号"轨道舱在太空留轨道运行了180多天,环绕地球飞行2821圈,成功地进行了一系列空间科学实验,在低轨飞行器的轨道衰变规律、陨落分析、燃料最佳分配、故障诊断和应急处理等方面的研究取得了重要突破,为后来把我国宇航员送上太空打下了坚实的基础。

  "神舟四号"无人飞船2002年12月30日零时40分在酒泉卫星发射中心发射升空并成功进入预定轨道,2003年1月5日19时16分在内蒙古中部地区准确着陆。载人航天应用系统参加了试验,飞船在太空自主飞行和留轨飞行期间进行了多模态微波遥感器对地探测、综合精密定轨试验,生物大分子和细胞的空间分离纯化实验、微重力流体物理实验等空间科学技术研究项目。特别值得一提的是,在"神舟四号"飞船上,空间生物实验中心首次搭载了国家"863计划"的一个项目——能生产抗癌药物紫杉醇的微生物样本,以及能生产肝病药物"复酶Q"的微生物真菌。紫杉醇是世界公认的抗癌药物,每千克成品价格约500万美元。而本次的搭载试验已初步显示,在太空特殊环境的"洗礼"中,紫杉醇产生菌不但能够存活,而且它的繁殖速度比在地面时要高出许多倍,这就有望彻底解决紫杉醇来源稀缺的难题,从而研制出有效的抗癌药物。在这次航天飞行中,宇航员系统和飞船环境控制与生命保障分系统也全面参加试验。这次试验还按照正式载人飞行的要求,设立了若干陆上应急救生区和海上应急救生区,救护人员到位并进行了有关演练。这次发射成功,标志着我国载人航天事业取得了新进展,向实现载人飞行又迈出了重要的一步。

圆了千年飞天梦

载人航天是人类驾驶和乘坐载人航天器在太空中从事各种探测、研究、试验、生产和军事应用的往返飞行活动。其目的在于突破地球大气的屏障和克服地球引力,把人类的活动范围从陆地、海洋和大气层扩展到太空,更广泛和更深入地认识整个宇宙,并充分利用太空和载人航天器的特殊环境进行各种研究和试验活动,开发太空极其丰富的资源。

根据飞行和工作方式的不同,载人航天器可分为载人飞船、载人空间站和航天飞机三类。载人飞船按乘坐人数分为单人式飞船和多人式飞船,按运行范围分为卫星式载人飞船和登月载人飞船。载人空间站又称为轨道站或航天站,可供多名宇航员居住和工作。航天飞机既可作为载人飞船和空间站进行载人航天活动,又是一种可重复使用的运载器。

载人航天,至少要闯过三关:

第一关是要"上得去"。载人航天器远比人造卫星重得多,没有推力巨大的运载火箭，是不能将其送上地球轨道的。单人宇宙飞船重量通常超过5吨，多人宇宙飞船重量接近10吨。例如，美国和苏联第一代宇宙飞船"水星"和"东方"分别重1.3—1.8吨和4.7吨。第二代飞船"双子座"和"联盟"分别重3—3.8吨和6.8吨。而航天飞机的轨道器，净重达100吨。目前拥有10吨级有效载荷的大推力运载火箭的国家，尚为数不多。

第二关是要"活得好"。载人飞船虽由无人航天器（如卫星）发展而来，除了保留原有的结构、温控、电源、推进等各种分系统外，还增加了为人服务的环境控制和生命保障系统、居住系统、报话通信系统、仪表和照明系统等。宇航员出舱还要有宇航服、载人机动装置，以及发生事故时的应急逃生装置等。这些装置和系统都包含有大量的技术难题，美国和苏联为解决它们都曾付出过血的代价。人在太空这个完全陌生的环境里生活，尤其是在微重力条件下，面临生理和心理变化的新课题，这是一门与工程技术紧密相连的航天医学。宇航员在太空中的食品要具热量高、营养全、体积小的特殊要求。宇航员长期在太空生活还可能患上各种稀奇古怪的病。

第三关是要"下得来"。安全返回是载人航天器最后也是最困难的一关。这一关除要把返回过程中的制动过载限制在人所能耐受的范围内以外，返回舱还具有经得起因大气摩擦生热致外层温度达上千度也不致损坏的性能。苏联两次载人航天出现的死亡事故都是发生在飞船返回途中。而且，返回舱的落点精度要求要比返回式卫星高得多，以便及时发现和组织营救。这除了载人航天器自身具有高超的控制技术外，遍布全球的地面和海上测探网都是成功回收的先决保证。

只有闯过上述的三关，才能登上当今航天技术的最高殿堂。

我国神舟飞船是卫星式载人飞船。2003年10月15日9时零9分50秒，由中国宇航员杨利伟驾驶的"神舟五号"载人飞船发射升空，总长9.2米，总重7 790千克。飞船返回舱直径2.5米，体积约6立方米，是目前世界上空间可利用率最大的载人飞船。"神舟五号"飞船装有52台发动机，能精确调整飞船飞行姿态和运行轨道。它变轨后飞行的圆形轨道距地球343千米。飞船在太空中大约每90分钟绕地球一圈。它共绕地球14圈。分布在国内外的9个陆地测控站、三大洋上的4艘测量船跟踪测控"神舟五号"飞船。10月16日6时23分，巡天60余万千米的"神舟五号"返回舱成功着陆。中国人终于圆了千年飞天梦。

在实现载人航天飞行之后，中国继续努力实现三大目标：第一，实现在太空的出舱活动；第二，掌握空间飞行器的交汇对接技术；第三，建立空间实验室。通过以上目标的实现，把中国的载人航天技术推进到一个更高的水平，为开发和人类和平利用太空作出我们应有的贡献。

我国最近十年，又先后发射了"神舟六号"、"神舟七号"、"神舟八号"、"神舟九号"升空，完成了众多太空任务……

世界五千年科技故事丛书

01. 科学精神光照千秋：古希腊科学家的故事
02. 中国领先世界的科技成就
03. 两刃利剑：原子能研究的故事
04. 蓝天、碧水、绿地：地球环保的故事
05. 遨游太空：人类探索太空的故事
06. 现代理论物理大师：尼尔斯·玻尔的故事
07. 中国数学史上最光辉的篇章：李冶、秦九韶、杨辉、朱世杰的故事
08. 中国近代民族化学工业的拓荒者：侯德榜的故事
09. 中国的狄德罗：宋应星的故事
10. 真理在烈火中闪光：布鲁诺的故事
11. 圆周率计算接力赛：祖冲之的故事
12. 宇宙的中心在哪里：托勒密与哥白尼的故事
13. 陨落的科学巨星：钱三强的故事
14. 魂系中华赤子心：钱学森的故事
15. 硝烟弥漫的诗情：诺贝尔的故事
16. 现代科学的最高奖赏：诺贝尔奖的故事
17. 席卷全球的世纪波：计算机研究发展的故事
18. 科学的迷雾：外星人与飞碟的故事
19. 中国桥魂：茅以升的故事
20. 中国铁路之父：詹天佑的故事
21. 智慧之光：中国古代四大发明的故事
22. 近代地学及奠基人：莱伊尔的故事
23. 中国近代地质学的奠基人：翁文灏和丁文江的故事
24. 地质之光：李四光的故事
25. 环球航行第一人：麦哲伦的故事
26. 洲际航行第一人：郑和的故事
27. 魂系祖国好河山：徐霞客的故事
28. 鼠疫斗士：伍连德的故事
29. 大胆革新的元代医学家：朱丹溪的故事
30. 博采众长自成一家：叶天士的故事
31. 中国博物学的无冕之王：李时珍的故事
32. 华夏神医：扁鹊的故事
33. 中华医圣：张仲景的故事
34. 圣手能医：华佗的故事
35. 原子弹之父：罗伯特·奥本海默
36. 奔向极地：南北极考察的故事
37. 分子构造的世界：高分子发现的故事
38. 点燃化学革命之火：氧气发现的故事
39. 窥视宇宙万物的奥秘：望远镜、显微镜的故事
40. 征程万里百折不挠：玄奘的故事
41. 彗星揭秘第一人：哈雷的故事
42. 海陆空的飞跃：火车、轮船、汽车、飞机发明的故事
43. 过渡时代的奇人：徐寿的故事

世界五千年科技故事丛书

44. 果蝇身上的奥秘：摩尔根的故事
45. 诺贝尔奖坛上的华裔科学家：杨振宁与李政道的故事
46. 氢弹之父—贝采里乌斯
47. 生命，如夏花之绚烂：奥斯特瓦尔德的故事
48. 铃声与狗的进食实验：巴甫洛夫的故事
49. 镭的母亲：居里夫人的故事
50. 科学史上的惨痛教训：瓦维洛夫的故事
51. 门铃又响了：无线电发明的故事
52. 现代中国科学事业的拓荒者：卢嘉锡的故事
53. 天涯海角一点通：电报和电话发明的故事
54. 独领风骚数十年：李比希的故事
55. 东西方文化的产儿：汤川秀树的故事
56. 大自然的改造者：米秋林的故事
57. 东方魔稻：袁隆平的故事
58. 中国近代气象学的奠基人：竺可桢的故事
59. 在沙漠上结出的果实：法布尔的故事
60. 宰相科学家：徐光启的故事
61. 疫影擒魔：科赫的故事
62. 遗传学之父：孟德尔的故事
63. 一贫如洗的科学家：拉马克的故事
64. 血液循环的发现者：哈维的故事
65. 揭开传染病神秘面纱的人：巴斯德的故事
66. 制服怒水泽千秋：李冰的故事
67. 星云学说的主人：康德和拉普拉斯的故事
68. 星辉月映探苍穹：第谷和开普勒的故事
69. 实验科学的奠基人：伽利略的故事
70. 世界发明之王：爱迪生的故事
71. 生物学革命大师：达尔文的故事
72. 禹迹茫茫：中国历代治水的故事
73. 数学发展的世纪之桥：希尔伯特的故事
74. 他架起代数与几何的桥梁：笛卡尔的故事
75. 梦溪园中的科学老人：沈括的故事
76. 窥天地之奥：张衡的故事
77. 控制论之父：诺伯特·维纳的故事
78. 开风气之先的科学大师：莱布尼茨的故事
79. 近代科学的奠基人：罗伯特·波义尔的故事
80. 走进化学的迷宫：门捷列夫的故事
81. 学究天人：郭守敬的故事
82. 攫雷电于九天：富兰克林的故事
83. 华罗庚的故事
84. 独得六项世界第一的科学家：苏颂的故事
85. 传播中国古代科学文明的使者：李约瑟的故事
86. 阿波罗计划：人类探索月球的故事
87. 一位身披袈裟的科学家：僧一行的故事